孩子太内向，
家长怎么办？

吴燕红◎著

全国百佳图书出版单位

时代出版传媒股份有限公司
安徽人民出版社

图书在版编目(CIP)数据

孩子太内向，家长怎么办？ / 吴燕红著. ——合肥：安徽人民出版社，2014（2023.2重印）

ISBN 978-7-212-07554-5

Ⅰ.①孩… Ⅱ.①吴… Ⅲ.①内倾性格—儿童教育—家庭教育 Ⅳ.①B848.6②G78

中国版本图书馆CIP数据核字(2014)第213664号

孩子太内向，家长怎么办？
HAIZI TAI NEIXIANG
JIAZHANG ZENMEBAN

吴燕红 著

出版人：胡正义

总策划：胡正义

责任编辑：任 济 洪 红

装帧设计：金刚创意

出版发行：时代出版传媒股份有限公司http://www.press-mart.com

安徽人民出版社 http://www.ahpeople.com

合肥市政务文化新区翡翠路1118号出版传媒广场八楼

邮编：230071 营销部电话：0551-63533258 0551-63533292（传真）

制版：合肥市中旭制版有限责任公司

印制：北京市凯鑫彩色印刷有限公司 电话：010-82708280

（如发现印装质量问题，影响阅读，请与印刷厂商联系调换）

开本：710×1000 1/16 印张：12.5 字数：120千

版次：2014年12月第1版 2023年2月第2次印刷

标准书号：ISBN 978-7-212-07554-5 定价：28.00元

目 录

写在前面的话：
每个孩子都是珍贵的礼物

　　经过九个多月的期待，可爱的宝宝终于来到爸爸妈妈的面前。

　　自从宝宝来到这个世界后，家长们就会发现这样一个问题：有的宝宝似乎天生就很安静，不哭不闹，让爸爸妈妈非常省心；但是有的宝宝哭闹不止，让爸爸妈妈费尽了心思。等宝宝长大一点儿，家长们又会发现：有的孩子非常内向，不言不语，不爱和别的孩子交流，喜欢独处；有的孩子却十分外向，善于交际。为什么孩子们在性格上会有如此大的差异呢？

　　儿童心理研究专家给出的结论是，孩子的性格形成主要受两方面的影响：一是直系亲属的遗传，比如DNA遗传和血型遗传；二是后天的成长环境，比如家庭环境、学校环境、社会环境等。

　　随着孩子年龄的增长，后天环境对孩子性格发展的影响会越来越大，如果家长忙于工作，忽视了孩子的性格发展，则很有可能导致孩子变得内向。

　　我们知道，性格对于孩子是非常重要的。在

遇到挫折的时候，内向的孩子可能会默默地忍受，一个人承担所有，甚至可能很长时间无法释怀；而外向的孩子可能很快就会"雨过天晴"。在人际交往中，内向的孩子可能羞于在人前开口，不敢表现自己；而外向的孩子则可能很快就和别人打成一片，结识更多朋友。总之，外向的孩子似乎更惹人喜欢，更容易得到快乐，也更容易阳光健康地成长。

于是，当家长发现自己的孩子内向后就会焦急不安，这个时候怎么办？其实，孩子的成长过程中，性格变化的可能性是很大的。换言之，性格不但有稳定性，还有可变性。

因此，作为父母的您，如果想让自己的孩子开朗、外向一些，不妨翻开此书，从书中寻找教子良方。

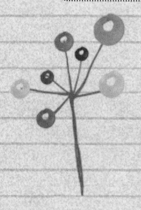

第一章

内向的孩子故事多

一、为什么我的孩子不爱说话

家长们潜意识里都希望自己的孩子活泼开朗，虽然年轻的父母有时候会为太闹腾的孩子烦心，但如果孩子变得沉默安静，他们恐怕会更加操心。

"为什么我的孩子不爱说话？""我和孩子的爸爸都不是性格内向的人，为什么孩子就是不爱说话呢？""孩子的爷爷、奶奶、外公、外婆都会经常陪着他，跟他讲话聊天，也经常带他去热闹的地方玩耍，但孩子就是不愿意开口说话。"忧心忡忡的父母常有以上疑问。"是不是孩子性格有缺陷？""会不会是孩子语言表达有问题？"过于紧张的父母甚至开始担忧起孩子的健康状况。

其实，只要家长们找出孩子不爱说话的原因，就大可不必杞人忧天，徒增烦恼。

❤或许他只是天性沉默

首先，我们需要对孩子的性格有一个确切的认识。性格是天生的，同时也是后天逐步完善的。刚出生的孩子单纯如同一张白纸。当然，有的孩子天性外向，他可能是一张适合描绘水彩画的水彩纸。而有的孩子天性内向，他可能是一张适合勾勒水墨画的宣纸。

从婴儿期开始，孩子就会逐渐表现出他的性格：活泼或是安静，胆大或是胆小，家长们细心观察，都不难发现端倪。到了儿童期，孩子的性格就会基本形成，虽说"三岁看大，七岁看老"的俗语难免有夸张的成分，但不能否认它确实一针见血地指出了儿童时期对孩子性格塑造的重要性。

如果你的孩子从婴儿期开始就表现出安静的性格特点，那么不爱说话可能就是他的天性。这种类型的孩子可能具备敏锐的观察能力，比起不假思索、滔滔不绝的发言，他更加仔细而谨慎，他可能话不多，但每句话都经过一番思索，哪怕他的思考并不成熟。只要你鼓励他多观察、多思考，并引导他勇敢表达自己的想法，那么你会发现，孩子眼中的世界别有一番精彩！

♥或许他只是需要适应

其次，我们需要对孩子所处的环境了如指掌。来到一个全然陌生的世界，幼小的孩子对环境的变化非常敏感，他们需要一个安全且安定的生活环境。所以，婴儿期的孩子对母亲的依赖性特别强，他们需要倾听母亲的心跳，需要感受母亲的气味，这些会让他们觉得安全。一个从小就生活在安定环境中的孩子对生活的认识会更加积极乐观，也更容易与他人沟通交流。反之，生活在不安定环境中的孩子更容易受到消极情绪的影响，更难建立起对人的信任。

随着孩子的成长，他们逐渐习惯周围的环境，并开始调动五感，通过视觉、听觉、触觉、嗅觉、味觉来感知环境，小心翼翼地迈出探索世界的脚步。在认识环境的过程中，胆大的孩子可能走得快一点儿，因为他们相信父母能够充当他们的后盾，他们可以放心大胆往前冲。害羞的孩子可能走得慢一点儿，他们也愿意接触新环境，但对亲人的依赖性更强，没有亲人的陪伴，他们会过于小心谨慎。

无论孩子是胆大还是害羞，一旦环境骤然改变，他们都可能受到影响。只是胆大的孩子适应得更快，胆小的孩子更容易因为不习惯新环境而变得沉默。

在去幼儿园的路上，乐乐并没有表现出不愿意，他开心地牵着妈妈的手，叽叽喳喳地说着幼儿园里好玩的玩具。不过，一旦乐乐妈离开乐乐的视线，乐乐就会马上丢掉玩具，大哭着追上去，好像被妈妈抛弃的小可怜。最开始的时候，这样的场景每天都在幼儿园门口上演，乐乐妈只好放下工作，耐心地陪他几天。在妈妈的陪伴下，乐乐与幼儿园老师和其他小朋友熟悉起来，再也没有抓着妈妈不放。

与乐乐表现相反的是芳芳，芳芳妈妈把芳芳交给老师，然后跟芳芳道别，芳芳一直都乖乖地牵着老师的手，听话地和妈妈说再见。但是，妈妈一离开，芳芳就会悄悄地掉眼泪。虽然芳芳妈妈也很心疼，但为了培养芳芳的独立能力，她还是转身就走，把哭泣的芳芳留在幼儿园里。尽管幼儿园老师对芳芳温言细语，又哄又劝，但好长一段时间里，芳芳都表现出对幼儿园的排斥，不说不笑，沉默地待在角落，等着妈妈来接她回家。

乐乐能很快适应新环境，重新变得开朗起来，与妈妈最初的陪伴是分不开的。初到陌生的环境里，孩子会害怕胆怯是很正常的，父母多费点心，多给他一点儿时间去适应，那他就能顺利地适应环境。反之，不考虑孩子的畏惧心，只一味对孩子"严格"要求，只会让孩子变得沉默而孤僻。

或许他只是需要一个开口的机会

父母总希望把世界上一切最好的东西捧到孩子面前，让他任意挑选。这种心情可以理解，但过度的溺爱犹如毒药，甚至可能毁掉孩子的一生。

语言是亲子沟通的重要手段。说话，对孩子来说，是一种与生俱来的本能。最开始的时候，孩子还不能将语言与实物相联系，但多次重复之后，他会逐渐理解语言的含义，然后开始掌握这种交流手段。这个过程需要父母多对孩子说话，也需要父母多引导孩子说话。只听不说或是只说不听，都不利于孩子语言和思维的全面发展。

明明是全家人期待已久的小天使，作为家里唯一的孩子，一出生就受到爷爷、奶奶、外公、外婆、爸爸、妈妈、叔叔、阿姨全方位的关爱。这个孩子确实很招人喜欢，不怕生，又爱笑，见到的人都喜欢逗他两句。明明很早就表露出展示自我的欲望，刚学会说话的时候，小嘴能不歇气地说上半天，让全家人又笑又乐。

不过，一段时间之后，明明妈发现有点不对劲儿了。别的孩子都能说上好几个字的长短句了，明明却始终只会一个字一个字地往外蹦。这可把全家人都急坏了，但无论怎样教，明明就是不肯好好说，只愿意说单字。

在一番寻医问药之后，一位经验丰富的老医生给他们解了惑。原来，不是明明话太少，而是家人话太多，往往不需要明明说话，家人就能按照他的心意给他食物或玩具。久而久之，明明就不愿意说话了。

　　明明的例子，可以说是一种个例，也可以说是一种常例。当父母为孩子不爱说话而心急的时候，或许还该反思一下自己对孩子的关爱是否超出了范围。

　　因此，无论是乐乐还是明明，或是天生比较文静的婴孩，当家长发现孩子不怎么爱说话的时候，首先要找出孩子不爱说话的根源，而不是一味地瞎担心，或者直接将孩子列入内向的行列。孩子不爱说话，并不一定就是内向的性格在作祟。因此，父母还需要对孩子进行一定的性格判断，有的放矢。

　　一般而言，社会上通用的比较简单的判断方法是观察法。顾名思义，这种方法是根据孩子的行为与情绪特征来判断孩子的性格类型。日常生活中，外向的人容易被联想成"乐观、热情、自信、开朗和进取"的形象，而内向的人则容易被联想为"比较保守、容易压抑、喜欢退缩、长期不安、胆怯以及不合群"的形象。但是，从心理学的角度上讲，以上的标准并不适合用来判断孩子，因为孩子的行为可以在后天通过学习与强化，达到行为表征上的扭转，而孩子的情绪特征也会根据孩子的年龄增长及生活经验而发生改变。

　　因此，我们在观察孩子日常行为及个人情绪的时候，要侧重更深层次的观察。比如说，如果孩子的精神指向比较关注内心，则孩子的性格可能属于偏内向。举个简单的例子，当孩子和宠物玩闹的时候，他更加关注宠物是不是不开心，会不会喜悦等，这样的孩子相对于外在的刺激，更加注重人和事物的内心表现，因此，可以列为偏内向的孩子。相反，如果孩子比较在乎宠物的奔跑，宠物在玩什么，他和宠物互动得开不开心，这样的孩子的精神指向相对关注外在，因此，这样的孩子多属于偏外向型。

而更重要的一点是，人的个性是复杂的，不可能像标点符号那样单一。因此，孩子的两种个性力量是可以同时存在的，不夸张地说，拥有内向的个性能力是获得外向个性能力的前提。因此，当家长发现孩子有内向的一面的时候，千万别慌。只要重视后天的培养，以恰到好处的科学方法加以塑造，就可以使孩子的内外向性格收放自如，张弛有度。

二、内向孩子的种类

家长之所以对孩子的内向有所忧心，主要因为，内向的孩子相对外向的孩子更容易迷失在自己的内心世界中，并为外界所遗忘。当父母重视和孩子对话，并努力想让孩子说出心声的时候，内向孩子的内心世界才有可能向外界敞开。然而，并非每一个家长都懂得如何跟内向的孩子沟通，因此，如何接近他们的内心世界，让内向孩子敞开心扉便成了一个难题。

首先，在和内向孩子进行零距离沟通之前，我们要了解清楚，到底内向的孩子有哪些类型，是不是千篇一律都不爱说话，是不是都胆小和不合群，甚至是不是都没有外向孩子那么快乐。

其实，对于孩子而言，即便披着"内向"这样的性格外衣，但放诸个体行为及从内心世界剖析，内向性格的孩子们各有不同。

一般而言，内向孩子按照思维模式的不同可以分为以下几类。

♥现实型

所谓现实型，是指孩子更加注重物质上所得到的东西，比如说他重视自己的玩具，重视自己的食物，重视自己的衣服和其他看得见、摸得着的东西。他并不重视和别人的沟通，也"懒得管"父母所谓的心灵对话，他比较在乎自己握在手中的棒棒糖，觉得有零食、有玩具就够了。想要和这样的孩子沟通，家长不必过于"动之以情"，相反，父母可以采用"直接诱惑"慢慢打开孩子的心扉，让孩子喜欢跟你讲话，习惯跟你分享。例如，家长可以给孩子一颗小草莓，告诉他："如果你告诉妈妈今天在幼稚园跟哪个小伙伴玩儿了，妈妈就给你一颗草莓吃，要不要？"

——适合的沟通游戏：天才营业员

家长可以先准备5~10件孩子的玩具，做一个围裙之类的"营业员制服"，帮助孩子将玩具逐一放好，家长系上围裙当营业员，让孩子当顾客，前来"买"东西。在孩子买东西的过程中，家长可以向他介绍不同的"商品"。如果孩子指着玩具狗，家长就可以跟他说："这是只小狗，有四条腿，有一条卷卷的尾巴，鼻子会闻东西，可以在家里当宠物，还可以给家里当守门员，你喜欢它吗？你想买它吗？"孩子听"营业员"讲得好，就将小狗"买"回去。待这样的游戏进行过几次之后，家长可以让孩子来当"营业员"，尝试跟家长介绍商品。

家长还可以选择不同类型的商品，如蔬菜、水果、交通工具等，让孩子一方面巩固对这些物品的认识，另一方面在自己有所"收获"的同时，锻炼了说话和表述的能力。

♥研究型

这种类型的孩子具有无比强烈的好奇心，喜欢思考，重视分析，为人处世会比较谨慎，因此，遇到问题的时候，他可能会选择自己想办法解决，或者自己生闷气，而不会耍赖撒娇或向父母求助。也就是说，这样的孩子喜欢独立思考。比如，在课堂上遇到问题，他不知道怎么解决，他可能会自己尝试想办法，因而沉默寡言，也因此会给老师和同学一种郁郁寡欢、满怀心事的错觉。但是对于这样的孩子，我们还需要有一个深层次的判断，到底孩子是属于闷闷不乐，还是专注思考。对于这个判断，最直接的方法，就是关注孩子的好奇心和求知欲。家长可以尝试不时给孩子一些新玩意，一些他没接触过的事物，比如一个小拼图，或者一个机器人，在孩子组装拼图或者机器人的时候，如果孩子满怀热情，不断地埋头探索，那么他就属于典型的研究型内向孩子。相反，如果孩子显得措手不及，不知如何是好，但是又不向父母求助，那么这种孩子不一定属于研究型内向孩子。

——适合的沟通游戏：定时传电报

妈妈可以在孩子的耳边说一些有趣的内容，比如说老鼠打败大老虎，小老鼠在电灯泡里面跳舞等有趣的小故事，或者简单的几句话，让孩子认真听了之后，传给爸爸，爸爸听了之后，说出内容，由妈妈来验证孩子的电报打得准不准确。在玩的过程中，位置可以有意识地调整，比如第二次，换爸爸讲话给妈妈听，由妈妈给孩子传电报，最后，让孩子当电报员，自己讲一些有趣的事情，让妈妈告诉爸爸，由爸爸说出妈妈传的电报内容，孩子来验证。这样，既满足了研究型内向孩子的好奇心，又能引导孩子多说话，同时提升了孩子的记忆力。

♥想象型

想象型的内向孩子，总是想象力丰富，喜欢活在自己的幻想中，当遇到事情的时候，他会充满联想和幻想，因此比较注重自己的内心思考，而缺乏外在的语言或者行为表现力。比如，当看到彩虹的时候，想象型的内向孩子不一定指着彩虹欢呼，但是他的内心会出现对彩虹的想象。换言之，这种孩子可以说是"慎于言"。因此，家长和这种类型的孩子沟通的时候，可以尝试将自己的想象告诉孩子，逐步让孩子习惯跟你分享自己的想象，千万别打岔，别等孩子一张嘴就否定孩子的幻想。根据美国著名心理学家霍兰德的研究，想象型的内向孩子不仅别具创造力，而且有丰富的艺术性思维，适合从事艺术创作等工作。因此，当家长发现孩子总是看着一个事物做"白日梦"的时候，应该尝试鼓励孩子将幻想说出来，并且加以赞许和引导，充分发掘孩子的创造性思维。

——适合玩的沟通游戏：广播电台

让家庭的每一个成员都成立一个广播电台，妈妈广播电台、爸爸广播电台、孩子广播电台（以孩子的名字命名，比如小龙广播电台）。家长可以尝试让孩子先打电话，让孩子提出要求，看孩子是想听歌曲还是听小故事。如果孩子是打给妈妈的，妈妈就要回应孩子的要求。如此几次之后，换家长打电话给孩子的广播电台，比如爸爸打电话，当拨到孩子广播电台时，爸爸就提出要求，要求孩子播放歌曲或者讲故事，还可以特别设立一些"好玩的趣事""你的梦想"等栏目，爸爸妈妈多点播此类栏目，让孩子大胆说出自己的想象世界。这样每天练习，不但能促进孩子的语言表达能力，还能开发孩子的想象思维。

由此可见，根据不同的内向种类对孩子加以引导和培养，孩子的性格具有可塑性和扭转性。在孩子成长的过程当中，如果内向的孩子在家庭互动中得到很好的塑造和调整，感受到家人的爱和鼓励，孩子就会慢慢地敞开心扉，协调好内心世界和外部世界的关系，一点点变得开朗起来。

薇薇今年4岁，是个特别能藏住事的孩子。每天放学后，妈妈接她回家，一上车她就开始对车厢内外的所有物品进行全方位扫描。比如妈妈车子里的香水味道是不是改变了，汽车的空调今天怎么没那么凉快，又或者是沿路的绿化树是不是被修剪了，环卫工人今天怎么不在路旁扫地等，薇薇对于事物的观察总是"思如泉涌""滔滔不绝"。有时候，薇薇会对着车窗外的天空定睛很久，但是当妈妈问今天在幼儿园发生什么趣事，或者这一整天都做了些什么的时候，薇薇便不愿开口分享了。

薇薇属于性格连续体中定义的想象型内向。她的精力从内向外发散到一个充满形形色色的人、事物和活动的想象世界。她会不断扫描外部环境找寻想象点，寻找不同事物之间的关联，营造自己的联想世界，她容易被熙熙攘攘的喧闹所吸引，但是不容易将这些信号转化为语言，和别人讨论及分享。

　　3岁的小强是个恋家的孩子，喜欢家里的狗狗，还对许许多多的东西感兴趣，尤其是与大自然和小动物有关的东西。比如狗狗怎么会不舒服，为什么有时候狗狗吃很多东西，有时候却不吃，花朵为什么迟迟不开花，蚊子为什么要咬人，为什么家里会有蟑螂，蟑螂到底是吃什么的，等等。在自己熟悉的环境中，比如家里，或者爷爷奶奶家里，小强总是精力充沛，非常喜欢说话。但是到了学校，或者去了陌生的地方，小强马上就会变得很安静，不敢说话，甚至面无表情。哪怕是爸妈为小强开生日派对，小强也不愿意在吵闹的派对里待太久。他说，因为孩子们都挤在派对上玩，他没办法集中注意力。

　　根据上面的故事，小强属于性格连续体中定义的研究型内向。他的能量、感知和决策都向内投射到他个人的思想、情感和观念世界里。他喜欢对事物进行深入的思考，因为这样能让他感觉到很充实，很快乐，很有收获。他也乐意与家人分享自己的想法和感受，因为这样能够让他获得被认同的满足感，但是，他不喜欢太嘈杂的环境，因为太多的外部活动会让他无法集中精力，运转头脑想事情，甚至会让他疲惫不堪。

　　出现这样的情况，主要是因为内向型孩子在信息处理及身体反应等方面神经传导不一样。

　　第一，信息处理方式的不同。面对外界传递给大脑的信息，一般内向的孩子会使用整合无意识信息与复杂信息的较长的脑回路。因此，与外向的孩子相比，他们处理信息的时间稍长。但是，内向的孩子善于将更多更新的信息及与这些信息相关的思维与情感内容整合到一起。

第二，身体反应方式的不同。相对于外向的孩子，内向的孩子比较难让身体活动起来，尤其是"大规模"的身体运动，因为他们的神经系统中要求有意识思维的那一面主导着他们的身体。也就是说，当内向孩子要有所动作的时候，他们需要有意识地对身体发号施令，比如说："全身，动起来！""右脚，踢足球！"

第三，记忆系统的不同。外向型的孩子一般习惯采用较为短时的记忆，而内向的孩子更多习惯于使用长时记忆。因此，外向型的孩子容易给人"忘事儿""不记仇"等印象。相反，内向型的孩子习惯于储蓄比较多、比较长期的记忆，这给他们提供了大量的资料储备。但是有一个缺点，由于内向孩子脑子里储蓄大量的记忆，因此从散布于大脑各处的存储库中提取和重组记忆也相当耗时，这也是容易让人觉得内向孩子"反应迟钝"的原因。

第四，行为感知的不同。实验显示，在陌生的环境中，内向的孩子由于缺乏对新环境的感知，无法调动大脑信号对自己的身体做出反应，因此容易行动迟疑；尤其在紧急情况下，内向的孩子很可能不能瞬间调动大脑信息指挥行动，导致久久愣住不动，失去行动能力。

第五，沟通交流方式的不同。外向的孩子由于储存和调动信息的过程相对简单，他们看到一个新事物，很容易开口对事物进行评价，还可能滔滔不绝地讲述自己的想法。但是内向的孩子在交流的时候不一样，他们的大脑会经过详细的信息搜集和分析，在对自身的想法和感受得出结论后才会发言。

第六，注意力指向范围的不同。外向的孩子更多地将注意力指向表象刺激及新鲜的事物，而内向的孩子，由于具有高度敏感的观察力，更喜欢深入地研究自己感兴趣的事物。

三、走进内向孩子的内心世界

很多人认为，内向的孩子将来的成就一定不如外向的孩子。因为在他们看来，外向的孩子有着先天的优势，外向的孩子勇往直前，开朗乐观，很容易成为人们眼中的焦点，成为话题的中心人物，成为人们谈论的热点及吸引人眼球的"万人迷"。而内向的孩子刚好相反，他们往往不善言辞，总是沉默寡言，呆头呆脑，不善于表达自己，无法捉摸，脾气古怪。

因此，社会上有很多关于"内向孩子比不上外向孩子"的说法。但是，事实证明，内向孩子和外向孩子的差距其实没有那么大，更准确地说，在成长的过程中，只要家长懂得因材施教，两者不存在根本性的差异。性格本来就没有优劣之分，性格不同于人格，性格是一种天性，不同的孩子对待同样的事物生来就会有不同的心理反应，而对这种心理反应孩子自己很难驾驭和控制。

正如著名心理学家艾森克所做的大脑的生物学性质研究一样，他认为大脑的生物学性质是导致孩子出现内向和外向性格差异的原因。因为内向孩子的大脑皮层比较敏感，哪怕外界的刺激不是十分强烈，比如微弱的光线、轻柔的声音等，也会使内向孩子的大脑产生强烈的反应，因此内向孩子就会逃避周围世界，以减少自己与外界接触中受到的刺激和因此产生的精力消耗。而外向的孩子情形则相反，他们的大脑皮层没有内向者那么敏感，反而需要更多来自外界环境的刺激，以激活自身的大脑皮层，借此来克服大脑皮层迟钝的弱点。

简单地总结，艾森克认为，内向的孩子认为外界的刺激会消耗自身的能量，而外向的孩子认为外界刺激能激发自己的能量。

但是，艾森克也提出，内向或外向的性格是天生的，同时也是可以随着成长环境及家庭教育等外在因素的影响而改变的。如果内向孩子在外部世界处于劣势，那么，在这样的后天环境中，内向的孩子就会想方设法地隐藏自己，免受外界环境的误解和攻击。另外，内向的孩子面对这种劣势情况，也会不由自主地做出自我调整，尽量使自己适应这个环境，并且扭转落后的局面。因此，艾森克觉得，内向的孩子比外向的孩子更加聪慧机敏，而且别具创造力，逻辑思维能力和判断力也比外向孩子强。

但是，传统观点认为外向者比内向者更具有竞争优势，这是为什么呢？家长又应该如何使内向的孩子更具优势呢？

这一切，要从了解内向孩子的内心世界做起，先进入内向孩子的内心世界，进而接触他们的心灵，因材施教，循序渐进。

♥ 内向孩子的内心有一份不自信

面对陌生的事物，内向的孩子会详细分析，认真思考，容易怀疑自己，产生思前顾后的心态，会产生一种不自信的错觉。因此，他们比较喜欢沉浸在自己能够胜任的思维世界里，而不乐意接受挑战，一方面是不愿意浪费自己的能量和精力，更多的是不想见证自己的失败和挫折。

小伟是个3岁半的孩子，今年开始上幼儿园。小伟知道自己要进幼儿园了，满心欢喜地想着投入新世界，但是随着开学的日子逐步逼近，爸爸妈妈给他买的新书包、新文具都到位之后，他嚷嚷着说不愿意上学了。小伟思前想后，顾虑很多："离开爸爸妈妈，我能自己吃饭吗？午睡怎么办？同学们会欺负我吗？爸爸妈妈会不会不要我……"小伟很害怕。

小伟这样的反应，就是一种不自信的表现，他怀疑自己，又不愿意别人知道自己的担心，因此才会闹脾气，不愿上学。面对这样的问题，家长最好让小伟明白："别的小朋友能做到的事情，我们小伟一样能做到。别人能独自上学，我们小伟照样可以！"家长可以尝试用鼓励和诱导的方式，双管齐下。一方面，鼓励小伟勇敢地上学；另一方面，跟小伟说，如果他努力了，争取到好表现，爸爸妈妈会给他小红花之类的奖励，让他摆脱不自信，勇敢地上学。

♥ 内向孩子的内心有一份怕生感

正如上文所说，内向的孩子处于陌生环境的时候，大脑皮层会产生一种"别轻举妄动"的信号，因为内向的孩子对这个新环境没有信息储备，他不能立马分析出这个环境中所存在的因素，因此他会害羞，不敢说话，也不敢轻易产生行为动作。

东东今年2岁，在家的时候非常活泼，因此爸爸妈妈觉得东东应该具备比较好的适应能力，于是便将东东带到托儿所。他们想着，在白天自己上班的时候，东东在托儿所不仅能得到更好的照顾，还可以和小朋友们一起学着讲礼貌和守秩序。爸爸妈妈的想法是好，可东东却不大乐意。东东刚开始去托儿所的时候，哭闹不停，妈妈看着心疼，便将他带回家里。隔了几天，又把东东带过去，想着让他适应一下，可是东东一进门，就又闹起别扭来。如此几次，东东的爸爸妈妈正准备放弃，结果托儿所的老师走过来，劝他们狠下心，让他们将东东放在托儿所，说孩子习惯了就没事儿了。

于是，爸爸妈妈就这么做了。结果几天观察下来，他们发现东东大有进步，从刚开始的抗拒和哭闹慢慢变得乖巧听话，并且开始转动小眼珠子，不断地观察托儿所的玩具，渐渐地融入托儿所的生活。

老师跟东东的爸爸妈妈说，东东是怕生，有点儿内向，但这是正常的，等东东适应托儿所的环境了，就能自己做出判断，慢慢融入托儿所的生活。

东东的反应，是内向孩子惯有的一种心态——"怕生"，但是这种怕并非真的胆怯，而是一种自我保护的意识。因为内向的孩子习惯了在对环境和事物做出详细信息收集之后，再传送和储存到大脑，接着由大脑进行分析，进而指挥自己的行动。面对新的环境，大脑对于新环境的储备和认知不足，因此他们无法很好地做出分析和判断，便无法对自己的行为做出指令。面对这样的情况，家长不必慌张，只要让孩子有更多的时间接触新环境，慢慢融进去就行了。

🩶 内向孩子的内心有一份"个人主义"

内向的孩子比一般的小孩更加敏感，更加谨慎，因此，在和别的小朋友合作的时候，总是容易对别的孩子的反应和行为做出详细的分析和判断。再者，内向孩子将信息传送到大脑，经由大脑做出行为指令的时间比较长，容易给人迟钝的感觉。因此，内向的孩子很容易表现出不喜欢和别人协作，喜欢独自处理问题的"个人主义"。

5岁的彤彤在大人眼中是个内向的孩子。幼儿园里，所有的孩子都要在手工课上一起画画或者做黏土公仔。可是一到手工课，彤彤总是跟老师称病，有的时候说自己肚子不舒服，不能画画；有的时候说自己手不舒服，没力气捏黏土。老师想，怎么每一次都这么巧合，于是便开始观察彤彤。老师发现彤彤一旦和别的孩子在一起就会不知所措。有的时候，彤彤会不满意同学的创作而噘起嘴巴，有的时候甚至嫌同学们太笨，但有的时候又跟不上同学们的脚步。

彤彤是典型的"个人主义"型孩子，这种个人主义并非英雄式的个人主义，而是一种难以跟别人协作的个人主义。彤彤的思维和同学们不同步，有的时候，在自己擅长的领域里，她会嫌同学们太笨，而在自己不擅长的领域，她跟不上同学们的步伐，不愿意在同学们面前显示出自己的"笨"，久而久之，就变成了协作性差，不习惯集体活动的小朋友了。

综合对上面三组孩子的分析，我们不难看到：内向孩子有不自信、怕生的逃避心理，还有"个人主义"。针对种种情况，家长

一定要走进孩子的内心世界。发现孩子缺乏自信的时候，要想方
设法地让孩子自信起来，当发现孩子过于怕生，或者过于个人主
义的时候，要多带孩子到陌生的环境，参加小组活动，让孩子多
在陌生环境下和别人接触，一起玩耍或者一起学习，让孩子能更
好地融入群体。

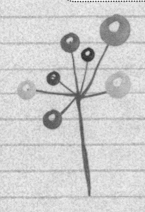

第二章

每个外向的孩子，
都有一对开明的父母

一、身教的力量——从做个开朗的大人开始

父母是孩子的一面镜子，孩子往往反映着家长真实的样子，开朗的家长才能教养出外向的孩子。

每个孩子都是天使，他们的到来不仅给我们带来欢乐，还让我们有了一个新的角色——母亲或父亲，这两者可以统称为"家长"。家长不仅仅是新角色，还意味着责任和义务。既然将小天使带到了人间，我们就应当竭尽全力，尽到做父母的责任，给予小天使关爱和照顾，让他们享受到家庭的温暖。

同时，从升级为家长的那一刻起，请开始注意自己的言行举止，因为此时的你就是小天使依赖的全世界，你的每句话、每个动作，都可能成为他模仿的对象。家长们可能不会想到，他们自身的言行举止对孩子的思想意识的影响，竟然会潜移默化地改变孩子的一生。

世界上有那么多孩子，为什么有些孩子长大之后成为一代伟人，而另一些孩子却总是失败，甚至成年后走上歧路，成为危害社会的罪犯？就这些问题，美国有一位著名的心理学家曾经做过这样一项研究——他在全美选了100个人，其中50个是成功人士，50个是有犯罪记录的人。他写信给这些人，请他们回信谈谈童年记忆里最深刻的一件事。

在诸多回信中，有两封回信里写的是同一件事——母亲给他们分苹果。这两封回信，一封来自白宫的一位著名人士，另一封来自美国某监狱的一个服刑犯人。这位心理学家看完这两封回信的内容之后，感到非常震撼，感触颇深。

那个来自监狱的犯人在信中这样写道：

"印象里母亲是个不苟言笑、个性安静的人，在大家庭聚会里她也总是保持沉默，即使她对奶奶的提议有很多不满。渐渐地，我竟然觉得在公共场合发表自己的观点是一种无礼和令人羞耻的行为。在我很小的时候，有天母亲买回了几个大小不同的苹果，我一眼就看中了中间又大又红的那个。但是，当母亲把苹果放在桌子上，问我和弟弟想要哪个的时候，我明明想要大的，但是怎么也说不出口。而当时弟弟非常勇敢地大声说——'我想要最大的那个'。母亲听了，责备地瞪了他一眼，说道：'好孩子要学会谦让，不能总想着自己，你看哥哥就没有像你这样。'然后，她把最大最红的那个苹果递给了我。

"于是我得到了我想要的东西，我什么都没有说；而勇于说出内心想法的弟弟只拿了个小苹果，还受到了母亲的责备。

"从此之后，我再也不主动表达自己内心的真实想法。后来有些时候，因为害怕母亲的责备，为了隐瞒自己的真实想法，我学会了说谎，甚至开始不择手段。成年后我打架、偷窃、抢劫，做了很多坏事。终于有一天，我被送进了监狱。"

然而，那位来自白宫的著名人士在信中是这样写的：

"在我很小的时候，有天母亲买回了几个大小不同的苹果，我一眼就看中了中间又大又红的那个。可我的弟弟们也都很想要，于是我们大声地对母亲说出了自己的想法，还争论了起来。我们并不担心受到母亲的责备，因为她自己也常常这样跟父亲或外婆争论，争论完后又相亲相爱了。母亲在镇上有着神奇的好人缘，我想实在是因为她的个性爽朗而直接，可爱极了。

"当时母亲看了这般情景，犹豫着这个苹果该给谁，突然她灵机一动，微笑着说道：'孩子们，既然你们都想得到它，那么为了公平起见，我们应该来一个比赛。我们把家门前的草坪分成三块，大家一人负责修剪一块，谁干得最快最好，谁就有权利得到这个最好吃的苹果。你们看这样好吗？'

"我们都认为这主意棒极了，于是我们兄弟几个都非常认真地干了起来。最后，我通过辛勤的劳动，赢得了那个苹果。事实上，我甚至认为那比直接得到苹果更加高兴。

"我要感谢我的母亲，是她让我懂得了一个最简单也最重要的道理，那就是，如果想要得到自己想要的东西，就要勇于表达自己内心的想法，并且努力地付出。自此之后，我们家里就有了这样一个传统：如果谁要想得到什么东西，就要大声地说出来，然后通过比赛来赢得。只有把愿望大声地说出来，并且通过自己的努力付出，你才可以得到想要的东西。当然，这也正是我现在能够成功的原因。"

从上面的例子，我们不难看出，两个母亲的性格和处世观念，通过日积月累的朝夕相处，其实已经深深地印在孩子的脑海里，并被他们接受和模仿。

童年阶段是孩子身心发育的关键时期，对于孩子的性格养成有至关重要的作用。孩子的性格除了受到遗传的影响，还和父母的言传身教有关，父母是孩子的第一任老师，在这个阶段，孩子很容易受到父母的影响，模仿父母的行为。因此，父母要从自身做起，做好孩子的榜样。

杨刚最近发现儿子并不喜欢和小朋友们玩耍，而是喜欢一个人玩游戏，甚至已经到了痴迷的地步。杨刚告诉儿子："你不能老这样玩游戏啊，你得多和小朋友们一起玩。"没想到儿子回答："你还说我呢，爷爷不是不让你老在家里玩电脑，让你多出去走走，你怎么还是老在家待着呢？"这一下，杨刚哑口无言。

龙生龙，凤生凤，父母和孩子往往极为相似。这种相似不仅表现在外貌上，还表现在性格方面。这是因为长期生活在一起，家长的性格往往会潜移默化地影响到孩子。孩子不仅在动作、语言和神态方面表现得与家长相似，而且在思维习惯、待人处世和性格方面也表现出相似性。

最佳的学校即家庭，最好的老师是父母。我们经常夸奖道："这个小朋友家教真好！"孩子就是父母的一面镜子，在他们的身上，我们往往可以看出父母的本质。要想培养出外向的孩子，家长们不妨从自身做起，从做个开朗的大人开始。

二、做个敢于并善于反省的大人

孩子的性格形成和父母的教养模式有很大的关联。在中国很多家庭，父母在孩子面前过于权威，给孩子设下很多限制，总是指点孩子"怎么做""不能做""应该做"，使孩子渐渐习惯了听从父母的安排，忘记了自己的想法。以至于以后没有父母在背后指点江山，遇到需要自己表达意见的场合，孩子便唯唯诺诺，吞吞吐吐，怎么都开不了口。甚至还有一些家庭对孩子过于保护，以至于孩子在家里是小霸王、小公主，可是却不习惯在人多的场合表现自己，一单独出现在众人面前就胆怯，甚至出现口吃等语言障碍。

然而，遇到这样的情况，很多家长都选择了错误的方向。要么碍于面子，不愿意承认孩子性格有问题；要么担心孩子不开口会受欺负，急于求成地强迫孩子去表现。当孩子还是不愿意开口，或者表现不佳的时候，有些家长还会责怪孩子，最终导致孩子的自尊心受到伤害，变得更加内向，甚至出现自闭和逆反心理。因此，作为家长，最重要的是帮助孩子找到内向的原因，看看是否与自身相关，如果确实有自身的原因，就应该及时反省、改正，帮助孩子养成外向的性格。

此外，一些忙于工作的家长觉得自己的孩子话少，是老实听话的表现，认为这样子方便教养，不仅不对孩子的性格加以疏导，反而还会因为孩子听话，而完全忽略掉孩子性格的各种问题，在不知不觉中致使孩子越来越内向。这样的家长，也应该进行自我反省。

孩子的成长过程，其实也是家长的成长过程。在为孩子的内向性格担心的时候，家长们不妨先反省一下自己，是否为孩子做好了足以应付外界变化的心理建设，搭建起与外界世界沟通的桥梁。那么，家长应该怎么做呢？

回顾和总结第一章的内容，孩子之所以会表现得比较内向，通常有以下几个原因。

1．孩子发展的规律

孩子在体征、个人习惯、心理素质等方面是不一样的。比如，有的孩子小时候长个子很快，到了一定年龄后，生长的速度就会减缓；有的孩子小时候发育缓慢，到了一定年龄后才会"突飞猛进"。与此相同，每个人的心理发展轨迹也是不一样的。有的孩子可能一直沉默寡言，但是突然有一天变得很爱说话；有的孩子可能平时非常胆小，突然之间胆子大了起来。而这些孩子，可能一直被贴着"内向"的标签。所以，在孩子不断成长的过程中，他们的生理和心理都会发生改变。作为家长，我们不应该过早地给孩子定性，而是应该慢慢观察，给孩子留出足够的发展空间。

2．环境的变化

一般来说，孩子对周围环境的变化会非常敏感。为了尽快适应新的环境，他会对自己进行调整。不过，不同的孩子的适应能力是不同的，有的孩子会很快适应新的环境，并能在新的环境中如鱼得水；有的孩子的适应能力会差一些，面对陌生的环境和陌生的人，他们会表现得不知所措、文静内向，看起来就像一个内向的孩子。其实，他们并不是真的内向，只是需要更长的时间来适应。

对于适应能力差的孩子，家长不应该着急，可以在家里举办一些小小的聚会，让孩子和小伙伴们有更多接触的时间，加快彼此熟悉的过程。另外，如果孩子已经上学，家长可以和老师多多沟通，让老师多多关注一些，给孩子营造一个轻松的环境。

3．孩子的不自信

孩子在与身边的人接触的过程中，经常会因为自己的某项能力不如别人，而对自己不够自信，不敢在人前说话，也不敢和别人交往。通常，这类孩子也会被划归到内向孩子的行列。但事实上，性格的内向与外向和自信与否并没有直接的联系。有一些外向的人也很不自信，而一些内向的人却信心满满。作为家长，应该积极帮助孩子建立起自信心，让孩子敢于与人交流和沟通。

很多家长疑惑，为什么总是弄不明白自己的孩子在想什么？为什么同样是小孩，人家的孩子那么活泼懂礼貌，自己的小孩却沉闷无生气？想要找到以上几个问题的答案，家长们可以从以下几方面开始努力。

4．增强孩子适应环境的能力

对于一个人来说，不管在什么时期，适应环境的能力都是很重要的。对于孩子来说，父母的教养方式对于孩子适应环境的能力有直接关系。如果父母给孩子太多保护，让孩子没有机会自己去接触环境，那在到达一个新的环境的时候，孩子就很难较快地融入环境，就会很自然地表现出内向孩子的性格。所以，为了孩子的将来考虑，父母应该放开手脚，让孩子多和别人交往，多体验不同的环境。在这个过程中，孩子会获得很多经验和教训，而这对孩子的成长和发展来说是有益的。

5．培养孩子的自信心

相关研究表明，自信心强的人比较乐观、积极向上，而缺乏自信的人往往消极、悲观。要想让孩子外向、活泼，就要在培养孩子的自信心上多花点心思。如果孩子认为自己可以做好一件事情，并能够获得别人的赞同，就会非常快乐。慢慢地，他会喜欢上这种做事情并获得别人赞赏的感觉，自然就会外向起来。

最后，家长还要注意挖掘孩子的潜能。不管是活泼的孩子，还是内向的孩子，都有他们自己的专长和喜好。家长要适当地开发孩子的这些潜能，适当地夸奖，使孩子获得成功的体验，从而得到信心和动力。

三、真诚地与孩子沟通

有的孩子，特别是那些性格内向、不善于表达的孩子，基本上做任何事情都听从父母的安排。从吃喝拉撒、游戏娱乐这些小事情，到培训补习、特长培养这类比较重要的事情，他们都没有自己决定的权利。大人也许觉得孩子的世界是无忧无虑的，但孩子自己却未必这样想。因为对自己的事情没有决定权，所以不少孩子都渴望早日长大成人，能够随心所欲。

要想让孩子变得外向一些，适当地给他们一些选择权是必不可少的。伴随着年龄的增长，孩子们应该获得更多的选择权。

"请不要命令我，让我自己做。"这是孩子的心声，不管孩子是不是可以自己表达出来。所以父母们要明白，对于孩子的选择，最好别武断地去干预，不能自以为是，觉得自己的决策天衣无缝，事实上孩子只会对自己喜欢的事情投入全部心思，乐此不疲。假如孩子得到的不是他想要的，那他并不会觉得开心，只会感觉有压力。

只要孩子在家中有"不开心"的感觉，他就会一点一点地封闭自我，变得越发内向。遇到这种情况，父母首先要敞开心扉，做出表率，从而慢慢引导孩子走出自己的世界。父母千万不要摆出权威的样子，从审查的视角看待孩子的所作所为，这么做的结果只能是令孩子更加封闭，与父母之间的鸿沟越来越深。

首先，要了解孩子在想什么。

父母们觉得如今的孩子是长在"蜜罐"中的，这是一种片面的看法。"蜜罐"只能说明他们的物质生活比较好，但是生活在"蜜罐"中的孩子未必会觉得生活很"甜"。

家长们觉得充分满足了孩子的物质需要，所以他们的生活像蜜一样甜。父母共同抚养孩子，父亲的职责是挣钱养家，而母亲的职责是做好家务。所以他们觉得，自己给予孩子的照料无微不至，没有比家更让孩子觉得舒适的地方了。但是在实际生活中，不少孩子认为自己在家过得并不快乐。

如今的孩子生活优越、养尊处优，仿佛什么都不缺，但感觉自由和快乐没有以前多了。长在"蜜罐"里只是大人们的想法，小孩子并不觉得有多么自在欢乐，相反，从精神层面来讲他们什么都没有，非常"贫穷"。

夏先生很苦恼，他向朋友倾诉，自己的独生儿子今年才16岁，却不去上学了，整天在家除了上网，就是睡觉，大人们都对他没辙。夏先生回忆说："事情起源于给他转了一次学。之前上初一时，儿子的成绩还是不错的。后来因为转学，儿子新换了一个班主任，由于和老师关系不好，他对学习的兴趣直线下降，对学习也不那么上心了，学习成绩一路下滑。我倍感焦急，可说也说不得，打也打不得。记得有一次星期六，都已经9点了，儿子还赖床不起，我就说了他几句，你知道他后来怎么做吗？他直接对我无视，然后递了张小纸条给我，上面竟然写着'你就当没我这个儿子'。那一刻我的肺都快气炸了。接下来五六天他还玩起了离家出走，我费了好大劲儿才把他找回来。等上了初三，儿子的心越玩越野，经常跟一帮所谓的朋友出去鬼混，晚上也不回来。我实在管不住了，就任由他去了，就像他当初写的，我就当没有这个儿子了。直到有一天，儿子跟人在外面打架被人用刀捅伤了。虽然我很生气，但那也是自己的亲生儿子，于是我陪着他在医院住了很长时间，父子俩相处还算融洽。可出院后，他便不去学校了，整日待在家里，也不愿意跟人沟通。我有时实在看不过眼，就多说了几句，结果又是被他三言两语打发了，态度还极其不耐烦，我只能悻悻地走开。

"看到这样的现状，我很是焦急，先后尝试过很多种方法。之前听人说教育培训很有用，我将他送去过，还专门向专家咨询过儿子的情况。为了让他多跟人交流，我还送他去参加夏令营，多去外面走走看看，或许情况会好一些。事实也如我最初预料的那样，刚回来那几天儿子确实表现得很积极，很愿意与人沟通，态度也不错。可没过几天，热乎劲儿一过去，他又恢复到原先死气沉沉的样子，这让我很是忧虑，不知道该拿儿子怎么办才好。"

由于种种原因，"真烦""真没劲"这样的话成了很多孩子的口头禅，而很多不善于与人交流的、性格内向的孩子更是摆出一副冷冰冰的表情，寡言少语，宅在自己的小屋子里，不喜欢出去交朋友；每天生活在沉闷的家庭氛围中，愈发消极厌世、不喜欢去学校甚至离家出走；更有甚者，小小年纪就有了轻生的想法……这说明家长对孩子的教育做得不到位，也反映出学校教育存在不足之处。

心理学研究表明，幼年时心理上受到的伤害对一个人一生都会有影响。心理学家的观点是，大部分孩子的心理疾病要归因于错误的教育方式。尽管他们貌似生活得很甜蜜，事实上内心充满了愁苦。家长应该加强对孩子的理解与体谅，为他们营造舒心的氛围，使孩子能够自由自在地长大成人。

其次，洞悉孩子需要什么。

在生活中，孩子无理取闹的现象时有发生，有些孩子因为自己的要求没得到满足而号啕大哭，脾气像火山一样暴躁，甚至胡搅蛮缠。有人觉得这要归咎于对孩子过于娇纵，若是由着他们，他们一定会得寸进尺。这些人认为，碰到这种情况，做家长的最好别去理无理取闹的孩子，随他去闹，等他闹够了，就会逐渐认识到用这样的方法是不会奏效的。真的是这样吗？究竟是孩子在无理取闹还是另有其他的原因呢？

父亲下班回家的时候已经是深夜，他蹑手蹑脚地走进屋，避免惊醒儿子。没想到他一进屋，发现儿子并没有睡觉，而是坐在沙发上等他。

"爸爸，我可以问你一个问题吗？"儿子说。

"你要问什么？"忙碌了一天的父亲显然没什么耐心。

"爸爸，你一个小时可以赚多少钱？"

"这跟你有什么关系，你问这个做什么？"父亲有点儿生气了。

"我只是想知道而已，你告诉我吧，爸爸！"儿子用恳求的眼神看着爸爸。

"要是你真的想知道，那我就告诉你，我一个小时可以赚20美元。"父亲的耐心已经耗尽了。

"哦！"儿子似乎有些失望。

过了一会儿，儿子又开口了："爸爸，你可以借给我10美元吗？"

这一下，父亲发怒了："要是你问我一小时赚多少钱，只是为了找我要钱去买那些没什么用处的玩具，你还是躺在床上好好反省一下你为什么会这么自私吧。我每天工作已经很累，不想和你玩这种幼稚的游戏。"

听完父亲的话，儿子什么都没说，默默地回到了自己的房间，关上了门。

儿子走了，留下父亲一个人坐着生气。过了一阵子，他的气消了，觉得刚才自己有些过分，就走到儿子的房间问："你睡着了吗？"

"还没有呢，爸爸。"

"爸爸今天很累，所以对你太凶了，爸爸想跟你道歉。宝贝，这是给你的10美元。"

"谢谢爸爸！"儿子非常高兴。然后，他从枕头底下拿出一些皱巴巴的钞票，一张一张地数起来。

"你都有这么多钱了，为什么还跟我要钱呢？"父亲有些不明所以。

"因为那些还不够，但是现在够了。"然后，儿子把数好的钱轻轻地放在了父亲手里，说，"爸爸，我现在有20美元了，我想买你一个小时的时间。明天你早点回家好吗？我想和你一起吃饭。"

孩子的世界和大人的世界是不同的。生活的压力让很多家长无暇顾及孩子的心理需求，只停留在让孩子物质上富足的层面，实际上，不知不觉地拉远了自己和孩子之间的情感距离。这很有可能会让孩子在父母面前开始变得沉默，在亲子教育上，这不是一个好的讯息。

最后，不要当着孩子的面撒谎。

哲学家罗素说："孩子不诚实几乎总是恐惧的结果。"很多心理学家也有差不多同样的观点：导致孩子撒谎的因素有很多，"不得不"是其中的一个因素。在某些情况下孩子说谎是迫于父母的压力，这种说法也许会让父母出乎意料。

有位母亲教育自己的孩子一定不要撒谎，为此举了很多例子告诉孩子说谎有多么多么不好，她要让孩子深信，即使是微不足道的一句谎言，也可能会导致为了圆谎而不停地犯错误。就像谚语说的那样："说谎会让人失去理智。"

我们来看看这位母亲做得怎么样。有一天，她接到一个朋友的电话，对方邀请她一起去听音乐会，她给自己找了个理由："哦！抱歉呀，我感冒了，很不舒服，真的去不了呀。"电话还没有挂，旁边的屋子里忽然有尖叫的声音传来。她马上跑进房间，看到自己的孩子双手掩面，蜷坐在地上，看上去十分难过。"亲爱的，怎么了呀？"小女孩不肯抬头看她，一边哭一边说：

"妈妈，你在骗人！"

故事中，妈妈在小女儿心中建立起来的信任感被轻易瓦解了，在父母与孩子之间，多了一道无形的无法跨越的墙。随着时间的推移，这堵墙越来越厚，最终演变成代沟。由于家长们总是说一套做一套，于是孩子对他们的教导也不再言听计从。

有个小姑娘，她最喜欢在周末的时候去教堂里听自己的牧师爸爸讲经。爸爸说："世上的人都是兄弟姐妹，上帝把贫穷的人和经历磨难的人都视为子民，假如我们想得到永生，那么就一定要照顾贫穷以及受苦难的人。"这一席话，让小姑娘备受感动。

在回家的途中，牧师的女儿留意到有一个流浪的小丫头站在路边乞讨，她衣着破烂，身上伤痕累累。牧师的孩子跑到小丫头身边，满心的怜惜，牵着她的手抱了抱她。这个情景让牧师夫妇感到惊恐，他们赶忙把自己干净优雅的女儿拉开，同时还责骂孩子不应该那么做。到家以后，妈妈马上给孩子洗了个澡，并且换掉了身上所有的衣服。后来怎样呢？爸爸讲经的内容，在小姑娘听来，和别的故事没有什么区别了，再也打动不了她。

认为孩子"很单纯，对事物缺乏判断力，记性差"，只是父母一种想当然的想法。事实上，孩子会非常留意成年人武断的和表里不一的做法，他们会因为家长虚伪的举动而失望透顶。即使这些藏匿于家长和孩子之间的矛盾和冲突在平常是看不见的，但终究会爆发。有时看上去是父母获胜了，但是，他们再也得不到孩子的信任。

在与父母对抗的过程中，受伤最大的是孩子幼小的内心。虽然他们因为年纪小或者性格内向无法表达，但是那种影响是无法磨灭的。现代医学研究表明，幼儿期被压抑是导致孩子无法控制情绪的根本原因。一般情况下，情绪失控在幼儿期会表现为失眠、经常做噩梦、消化不良以及说话结巴等。而且即使孩子成年了，幼儿期的那些伤害也不会消失。

四、做孩子的心灵导师

健康儿童所要具备的要素是：潜能被充分开发、性格端正、心理素质良好、没有明显不良行为。科学合理的早期教育是完善的、系统性的，以6岁及以下的婴幼儿为教育对象，依照婴幼儿自身发展的规律，对其智力、运动进行训练并培养其形成良好的性格、习惯、情绪等。如今有些家长只重视孩子智力的培养，这种不合理的现象应该有所改变。家长正确的做法是，把孩子早期教育重点，放在对他们的素质培养上。

在0～6岁的成长阶段，孩子大脑的结构和功能以最快的速度发展着，这一时期是大脑发育的关键期，也可称为敏感期。随着年龄的增长，脑组织结构逐渐定型，潜能开发就会受到限制。

把握好敏感期进行智慧启蒙教育，会让孩子受益终身。在这个阶段，如果孩子犯了错误，假如家长只是责备或是阻止他，会打击他想要探索新事物和尝试新方法的动力，让他因此而胆小怕事，缩手缩脚，养成孤僻内向的性格，也许一生都改变不过来。然而父母如果给予他鼓励，那么孩子的性格就会往另一个方向发展。

家庭教育是早期教育的关键，父母要为孩子营造出融洽的家庭氛围。家长需要怎么做呢？我们的建议是在孩子经历敏感期的时候，家长也不断学习，与孩子同步成长。

1. 转变传统育儿观念，关注孩子的心灵。

传统的育儿观念里，家长们都把学习成绩当作评判"好孩子"和"坏孩子"的标准。如果孩子出现厌学、逃学的情况，家长的第一反应是生气、愤怒，却忽视了孩子内心的变化。久而久之，学习对孩子来说是种莫大的压力，有些孩子在压力之下变得感情脆弱、性格内向，甚至被激发出逆反心理，就很容易通过上网、早恋等形式来排解压力，变成家长眼里的"问题孩子"。

有位母亲下岗了，她觉得自己再也不会有什么成就，于是寄希望在儿子身上，每天都强迫他努力学习，对孩子丁点大的缺点都无法容忍，不停地埋怨斥责。她自认为这样做才能教育好孩子，然而在孩子的心中，妈妈的话不过是"正确的废话"，孩子开始封闭自己，不喜欢读书，还对网络游戏上了瘾。

后来这位妈妈得到了专家的指导，学会了向孩子学习，与孩子共同进步。最初她遵循的是"三多"理念（多些宽容中的接纳，多些赏识中的发现，多些关爱中的付出）。在和孩子相处时，她会欣赏他的优点，也能包容他的缺点，同时承认自己对孩子缺点的形成有着直接的关系，她不再用挑剔的眼光看待孩子，而是改为赏识和发现。在母亲的认可下，孩子重新拥有了自信和自尊，还同意教母亲学电脑。最终的结果皆大欢喜，孩子远离了网游，开始积极主动地学习，而母亲因为跟孩子学会了电脑，再一次走上工作岗位。

"问题孩子"令家长和老师感到难过，事实上孩子们自己更为难过。孩子们顶着巨大的学习压力，自信心严重受挫，又得不到家长和老师的真正理解，内心感到孤独又无助。如果有机会和他们聊一聊，不难发现其实他们都有被重塑的可能，经过科学合理的交流，不少曾经厌学、网瘾大、不宜接触的孩子都有所转变。需要明确的是，"问题孩子"本身没有什么问题，而是环境有需改善的地方。教育的本质是唤醒，教育的任务就是营造环境，使得家庭环境、校园环境和社会环境越来越和谐。怎样才能唤醒孩子？重点在于家长们是善良、聪明、快乐的，然后他们去发掘孩子的潜能，同时营造出轻松和谐的环境供孩子成长。假如在孩子眼里父母就是标准的"好孩子"，积极学习，快速进步，勇于承认错误并改过自新，用平等的语气和孩子交流，对孩子喜欢的事情能聊到一起，那么父母就会被孩子当作"孩子王"，获得孩子的尊敬并成为他们的榜样。

2．寻找孩子最突出的优点，学会赏识教育。

"系统框架式"不仅是一种方法，也是一个方向，首先是发掘出孩子最擅长的一项，并以此为基点从整体上提升孩子的能力，采用的是赏识教育和激励教育相结合的方法。

有个学生对无线电很感兴趣，在还是幼儿园小朋友时他就常常提出这方面的问题，不过他在别的学科并没有突出成绩。老师注意到这一点之后就鼓励他参加无线电兴趣小组，并且还称赞了他，这让他自信心大增。由于有亲自参加实践的机会，他对物理和数学有了更进一步的了解，因此对物理数学产生了兴趣；为了弄明白资料中阐述的实验原理，写出合格的实验报告，他体会到语文的重要性。后来化学老师对他说，很多构成无线电导体的原材料都是以化学元素来命名的，只有学好化学，才能更轻松地研究无线电。就这样，在兴趣的带动下，这个学生的每一门功课都变得优秀。

一旦孩子的兴趣爱好不关乎学业，就会受到父母的明令禁止和严厉打击，他们认为玩物丧志，事实上这大错特错。家长们需要清楚的是，孩子拥有无限的潜力，利用他的喜好，对他学习的兴趣和自信心加以激发，在家长和老师的指引和帮助下，他会重视其他学科并付出努力，最终形成"系统框架"。"系统框架"有助于从整体上提高学习能力，激发孩子的主动性，令孩子从学习中感受到快乐，孩子一生都会得益于这种科学的教育方式。

3．帮孩子总结失败，恢复自信。

孩子的心理承受能力较弱，所以在大人眼里一件微不足道的事情，可能在他们心里就是一个大的挫折，会严重打击他们的自信心，让他们很久都恢复不过来。外向的孩子好胜心强，内向的孩子记性好，所以在面对挫折的时候，他们都需要家长及时的开导和帮助。

杨杨是个聪明活泼、处处招人喜欢的好孩子，无论参加什么活动，他总是踊跃报名参加，表现也是一直受到大家的夸赞。可是，这样的孩子往往抗挫折、抗打击的能力欠佳。这不，问题出现了。

幼儿园举办了一次象棋比赛，杨杨也兴致勃勃地报名参加了。可是最后的结果却不尽如人意，他没有获得好名次，只是得到了一个参与奖。这下，杨杨高兴不起来了，几天下来，脸上的神情都是沮丧的，再也不见从前神采飞扬的样子。杨杨父母心想，这只是孩子暂时不能接受比赛成绩不好的事实，等过段时间，这件事情过去了，他就会慢慢恢复了，他们也相信孩子通过下次的努力，可以取得好名次。

可父母"高估"了杨杨，孩子毕竟还是孩子，他的心理承受能力还是太低了。对于突如其来的失败，杨杨没有做好充分的思想准备，他觉得自己很失败，在小朋友面前丢脸了，从此以后但凡幼儿园有什么活动，他也不积极参与了。如果有比赛，他更是望而却步，死活都不肯报名。这可让杨杨的父母急坏了，这样下去孩子可怎么办啊，如果从此孩子害怕比赛，上进心也跟着消失了就完了。之后，父母尝试着帮杨杨分析这次象棋比赛失败的原因，爸爸还每天专门抽出时间来和杨杨一起学习下棋，一起研究方法。慢慢地，杨杨的棋艺有了很大的进步。在父母的鼓励下，他有了足够的信心，再一次参加象棋比赛，并取得了很好的名次。经过这一次，杨杨知道，其实失败没有那么可怕，只要自己不断努力，就一定可以成功。

在赏识教育中，父母是关键的人物，但是在挫折教育里，父母不能代替孩子的感受和经验，而应该让孩子自己来完成。挫折教育不是批评教育或惩罚教育，而需要父母心平气和地与孩子共同研究分析，使孩子在失败中总结教训。

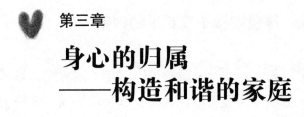

第三章

身心的归属
——构造和谐的家庭

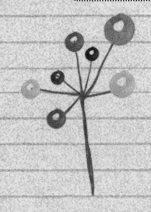

一、理论篇：环境在孩子成长中的作用

孩子的成长离不开三个环境：家庭、学校以及社会。这三个环境对孩子的成长起着至关重要的作用，家庭和睦美满、学校友爱、社会和谐会帮助孩子健康成长。

家庭是孩子迈入的第一所学校，而家长是孩子的启蒙老师。同时，家庭作为一个小的社会组成部分，具有微观性。家庭教育不同于学校教育，它主要着重于孩子的启蒙教育，对孩子的早期性格形成有着非常重要的影响。

家庭环境对孩子很重要，学校环境在儿童成长过程中的作用也不容忽视。在学校这个大环境中，儿童的心理成长能够得到健康有利的引导。在学校中，儿童接受教育，学习知识，同时也在树立自己的人生观、世界观以及价值观。

社会作为一个大的群体，是孩子成长的宏观环境。随着社会的变迁，我们生活的环境也在变化，城市的生活更加美好了，居民的生活质量提高了，儿童成长的环境也呈现出多元化的形态。

第一，家庭环境是塑造孩子性格及品质的"第一工厂"。

曾经有一位人格心理学家提道："家庭环境对人的影响可以作为研究人类人格发展的基石。在这里着重讨论家庭对人格养成的作用，主要是为了突出不同的家庭成长环境对孩子产生的不同影响。不同的家长对孩子的教育方式也不相同，因此，孩子在人格特征表

现方面也就有所差异。"

研究者通常把家庭教育分为三种不同的类型，在这三种教养方式下的孩子拥有不同的人格特征。

（1）权威型。这种教养方式下父母表现得过于强势，他们几乎掌控孩子的一切。这种方式下成长的孩子不易养成主动乐观的性格。相反，他们中多出现被动消极、性格软弱的人，做事情也缺乏主动性。这种孩子特别容易出现有缺陷的人格特征，如不诚实。

（2）放纵型。这种教养方式在独生子女家庭比较常见。父母过分溺爱孩子，对孩子的行为睁一只眼闭一只眼，让他们为所欲为，到后期父母对孩子的无礼行为已经达到无法控制的局面。这种教养方式下的孩子多带有很多性格缺陷，如以自我为中心、缺乏独立性、胡搅蛮缠等。

（3）民主型。在这种家庭环境中，父母与孩子之间互相尊重，这时候父母扮演的角色是良师益友。在这样的家庭环境中，孩子拥有比较多的自主权，家长不会过多干涉孩子的行为，而是给予他们一定的指导。在这样的家庭环境中成长的孩子拥有比较健全的人格，他们多表现得活泼好动、乐观向上、开朗有礼，思维也比较活跃。

父母是孩子的第一任教师，因此，父母的价值观、人生观、世界观会对孩子的人格形成产生很大的影响。实验表明，孩子在跟父母生活的过程中会有意无意地模仿父母的行为，而孩子的人格形成主要是在幼年时期，因此父母对待事物的态度将会影响到孩子以后的人格品质。

一个家庭中家长跟孩子的沟通具有聚合的特点。这种聚合性与学校中的师生之间以及同学之间的发散交流有着明显区别。家庭成员较多，孩子数量较少，这就为多个家庭成员与一个孩子交流提供条件。除此之外，家庭成员之间的交流多是面对面的方式，这些都比学校中的交流有优势。因此，家庭环境对孩子的人格形成具有举足轻重的影响。

家庭塑造人格，不同的家庭会塑造出不同性格的孩子。孩子的成长离不开父母的陪伴，家庭氛围的和谐是孩子健康成长的必要条件。

第二，学校是帮助孩子养成外向性格的有利渠道。

学校是公共教育的平台，它能够为孩子的成长提供最初的同龄人交流平台。学校是一个微型的小社会，是一个比家庭更为复杂的环境，外向的孩子更容易融入这个新环境，而内向孩子的家长也不必太担心，因为学校环境相对更开放自由，只要加以正确的引导，孩子在这里能比在家庭环境里更快地成长起来。

学校的生活更切合社会生活。孩子从家庭走向学校，拓展了交往范围，接触了许多新事物，他们会用自己的思想去相处和交往，并且逐渐进入公共生活，这时候学校就要引导和帮助孩子们去适应新环境，从心理上消除对集体的陌生和抵触。

有一个老师讲了这样一个例子：

"和往常一样，学校又如期开学了。但不一样的是，今年我们班来了个新伙伴，自我介绍时，她说她叫莉莉。她说话声音很小，明显一副很害羞的样子。不过她皮肤白白的，眼睛大大的，笑起来甜甜的，长得可好看了。她妈妈送她过来时特意交代我，这孩子性格很内向，不爱说话，希望我多关心关心她。

"通过一段时间的观察，我也发现，莉莉的确如她妈妈所说，经常独自一个人坐在角落里，自娱自乐，别的孩子都在一旁玩得不亦乐乎，她也全当没看见，从不和其他小伙伴一块儿玩耍。这样下去可不是办法啊，我到处搜罗帮助内向的孩子变活泼的方法，比如主动去关心她，给她精神上的鼓励，多多夸赞她，还让其他小朋友去和她一块儿玩。可最终都无济于事，莉莉还是表现得非常不合群。

"终天有一天，我有了新发现。莉莉在一次家长开放日活动中，和她姥姥下跳棋下得非常好。我想我可以以此为突破口，于是我故意走上前去并大声说，原来莉莉的棋下得这么好啊，改天老师也要向你请教呢！莉莉一听我说的话，脸上就乐开了花。自此以后，一到活动时间，我就和莉莉一块儿下棋，还故意输给她，让她的脸上满是喜悦。别的小朋友一看，连老师都输给她了，更是对莉莉刮目相看，没事就喜欢缠着莉莉，让她教下棋。慢慢地，莉莉脸上的笑容越来越多，也有了自己的好朋友。看到莉莉有如此大的转变，我们老师心里别提有多高兴了。

"不仅如此，莉莉的性格也在悄然发生着变化。原来她总是一个人偷偷溜到教室，见到老师也从不说话，现在她会主动跟老师说'早上好'。课外活动时，她不再一个人躲在角落里，而是加入到其他小朋友的行列，表现非常积极。那一次挑选领操的小朋友，莉莉还主动报名呢。在课堂上，她还会高高举起右手，响亮地回答老师提出的问题。看到莉莉一天天进步，性格一天天变得活泼开朗，我们从内心里感到欣慰。"

上面例子里莉莉的变化，得益于老师的耐心帮助，也得益于她有个细心的妈妈。内向孩子在群体里较容易被忽略甚至冷落，常常不如一些调皮捣蛋的孩子更容易吸引同伴和被老师收入"重点关注名单"。这是细心的家长一开始就该想到的问题，莉莉的妈妈在莉莉刚转学的时候就向老师说明孩子的个性，请老师多关照，就是不错的值得借鉴的办法。

第三，周边环境对孩子的身心成长有潜移默化的影响。

要说起古代父母对孩子的周边成长环境的重视程度，我们首先想到的是"孟母三迁"的故事。

孟子老家是邹县，距离孔老夫子的老家曲阜很近，孟子幼年丧父，只跟自己的母亲相依为命。孟母恪守妇道，负起教育孟子的责任。这个时候孟子的家离墓地不远。

小时候孟子是个淘气贪玩的孩子，因为家附近就是墓地，所以他常和邻居家的孩子一起模仿建造墓地、埋葬棺木以及哭丧等。孟母发现自己的儿子竟然学习这种事，当即表示要搬离此地。于是孟子一家搬到了街市上。孟子的新家附近是个屠宰场，于是孟子又学会了做买卖和宰杀牲畜的活计。孟母发现后又一次搬了家。最后一次搬家显然是成功的。他们的新家距离学堂很近，孟子在学堂里学到了学问礼仪。这样的进步让孟母深感欣慰，于是她决定要在此地长久居住。

孟子后来成为著名的思想家，并且在学术上拥有卓越的成就都与孟母"三迁"的举动息息相关。孟母深知"近朱者赤，近墨者黑"，不愿自己的儿子像市井小贩一样碌碌终身，所以她选择了不断搬家，为自己的儿子寻找良好的外部环境。作为父母必须要知道"蓬生麻中，不扶而直"的真正意义，重视孩子成长的外部环境。

孩子年龄小，还没有形成清晰的是非观念，对周围的环境缺乏基本的判断和辨别能力，所以很容易沾染到身边的恶习，或者结交到不好的朋友。一般的家长发现孩子有这些苗头，立刻对孩子进行指责和干涉，有的家长甚至达到专制和监控的地步。家长们的口头禅经常是"B地不安全，一定不要去""小A成绩不好，不要跟他一起玩""不要随便接触C类东西"等。他们难过地认为孩子"学坏了"，却常常忽视了可能是孩子所处的环境有问题。

当孩子被父母限制过多，就会感觉到少了自由的空间，甚至感受到自己不被尊重，从而产生逆反心理，通过对父母的疏远来表达内心的不满。而父母明令的禁区，反而更让他们心向往之。这种心理积压得越久，孩子的个性越容易变得压抑而内向。

所以，家长们与其将孩子禁锢在自己人为设定的"安全区域"内，不如花心思为孩子寻找一个健康有利、积极向上的成长环境，让环境去感染和熏陶孩子。孩子的身心获得了自由，才会重新变得快乐和开朗，向父母敞开心扉。不过要注意的一点是，这个换环境的过程中，家长要征询孩子的意见，尽量以愉悦轻松的语气说服孩子。

二、方法篇

♡ 构建和谐的家庭文化

和谐社会是由一个个和谐的家庭组建而成的，"家和万事兴"是个亘古不变的真理。在当今社会，独生子女家庭占有很大比例，因此孩子自然而然地成为家庭生活的重心。

家庭是儿童成长的摇篮，想要孩子健康、快乐地成长，家长就务必要为孩子提供一个和谐美满的家庭环境。只有在快乐的家庭环境中成长，孩子才能够感到快乐，才能拥有阳光开朗的个性。

家庭环境不和谐的原因主要有以下几个。

1. 缺少共同时间，亲子关系脆弱

在竞争激烈的当代社会，生活节奏越来越快。父母们都忙于挣钱，整天围着职场转，"工作至上"造成家庭共同时间的缺失。他们极少参加孩子的学习和活动，更不可能花时间跟孩子沟通。这样的后果就是：他们不了解孩子的心声，不能真正和孩子成为朋友，更不可能在孩子困惑的时候给予他们宝贵的建议。没有共同时间的亲子关系是脆弱的，禁不起现实打击的。在脆弱的亲子关系下，家长与孩子没有相互了解，孩子就失去了快乐成长的环境。这时候家长就要合理地安排自己的时间，多与孩子沟通，顾及孩子的感受。

2. 缺乏对孩子的关爱，孩子情感支持缺失

如果家庭是一棵树，那么情感就是树根。它是家庭和睦稳定的基础，也是家庭幸福的保障，在这样的环境中成长的孩子必定是健康乐观的。

从前有一个小男孩，出生的时候就瘸了一条腿。看到别的孩子快乐地奔跑，他经常认为自己是世界上最不幸运的人。孩子的父亲观察到小男孩的异样，决定帮小男孩重塑信心。一天他召集所有的孩子，要求他们每人都栽一棵树，并且规定树苗长得好的孩子会得到一份礼物。小男孩因为自身的缺陷放弃了小树苗，在给小树苗浇了一两次水之后就不管不问了。小男孩以为他的树苗会很快死掉，但是出乎意料的事情发生了，小男孩的树苗是所有树苗中长得最好的一棵。也正是因为这样，小男孩得到了来自父亲的礼物，并由此摆脱了自卑与不快，成为一个乐观自信的人。后来有一天小男孩终于发现了秘密：原来一直以来都是父亲照顾着他的树苗。小男孩终于长大了，还成为美国的总统，他就是富兰克林·罗斯福。

从富兰克林·罗斯福的故事中我们得出一个结论：爱是生命的供养，只有父母细心的爱，才能让孩子心里那棵自信的小树长高。在孩子难过时给予他们鼓励和指导，帮助他们重拾自信是父母的责任，称职的父母会帮助自己的孩子健康成长。但是在很多家庭中，这种爱是不存在的。

3. 家庭民主不足，家长与孩子的沟通出现障碍

父母与孩子缺少交流，原因何在？根本原因就是家庭生活中毫无民主可言，父母与孩子之间的关系不平等。父母作为长辈，总是以一种权威的姿态与孩子交流，在有些事情的处理上不尊重孩子的意见。

生物学中有一个名词叫作"生物链"，有些家庭生活中也有这样一条链条。有的孩子害怕爸爸，而爸爸是个"妻管严"，妈妈敬爱外婆，外婆却总是宠着自己。一个初中生对别人形容自己的父母时，用了这样一段话："我的爸爸妈妈是权威的代名词，没人敢冒犯他们的权威。在我有自己的主意的时候，他们总是会对我说'大人的事，小孩不懂'。当我对他们的行为看法有意见的时候，他们就会怪我没有分寸，没大没小。他们没有想过跟我做朋友，甚至当我提出要跟他们做朋友时，妈妈摆出一副不敢相信的表情。"

家庭是社会的缩影，也是孩子接触到的第一个环境。因此，和

谐的家庭环境对孩子的健康成长有着举足轻重的作用。孩子从出生起就带着家长的希望和期盼，他们是家长的生活作品。家长要意识到，自己给予孩子生命，就要努力为他们的成长负起全部责任。家长不仅仅要把孩子的起居饮食照顾得妥妥当当，还要把孩子培养成为一个拥有高尚情操和健全人格的生命个体，让孩子在未来的生活中活得丰富多彩。家长可以改变自己的原有观念，试着改变身份，做一些能拉近亲子关系的行为，这样就可以为孩子营造一个健康的成长环境。

一是扭转观念：重才更重德，让孩子迈出外向的第一步。

父母不要在孩子成长的过程中过于保护他们，要让他们经历自己应该经历的事情，"天将降大任于斯人也，必先苦其心志，劳其筋骨，饿其体肤，空乏其身"，说的就是这个道理。另外，父母不要给予孩子盲目的疼爱，这样只会给他们带来迷茫甚至伤害。孩子可能会因为家长的溺爱做错很多事情。"孩子是一本书，父母总是在孩子成长的过程中不断后翻，却并不能完全读懂。"家长如果意识到家庭德育是造就孩子的捷径，会不会了解孩子们多一点儿呢？所以，家长要在家庭德育中用心对待孩子，多跟他们沟通，聆听他们的想法，这样才能正确处理好孩子成才与成人的关系，加强孩子的品德教育。

二是关注心灵：做好孩子的良师益友，使孩子愿意倾诉心声。

家长是孩子的启蒙老师。但是据调查，许多家长没读过心理学方面的书，也不关注教育方面的书。由此可见，家长应该多学习，了解孩子的心理，找到教育孩子的方法。在家庭教育中，家长要做好孩子的心理疏导工作，时刻关注孩子的心理变化，在他们情绪反常、行为怪异的时候要做好充分的准备。

三是做好榜样示范：强调潜移默化，使孩子更愿意将想法付诸实践。

在现代社会，家长与孩子的关系更加亲密，所以家庭德育的实行非常方便。家庭教育是父母的"言传身教""身体力行"以及"以身作则"和孩子的"自我教育""自我完美"相结合的结果。在家庭关系的和谐化过程中，父母的行为会对孩子产生潜移默化的影响。不幸的是，现实社会中仍旧有很多家长的教育方式是责骂式的。在孩子的行为不能达到父母希望的那样时，父母会对孩子大发雷霆，冷眼相对，甚至会说一些伤害孩子情感的话。这样的教育方式对孩子的成长百害而无一利。所以，为了营造健康的家庭德育环境，家长要改掉以往的恶习，为孩子做出榜样。

四是讲究德育策略：培养习惯，这是孩子外向交流的基础。

做什么事情都要从娃娃抓起，特别是孩子的道德人品和良好行为习惯的养成，更要从小做起。教导孩子"勿以恶小而为之，勿以善小而不为"，要对孩子不正确的行为进行预防，孩子犯错误要及时纠正。家长必须要有这样的意识：家庭德育要与学校德育保持一致，相互合作。不违背循序渐进的原则，关注孩子道德培养的各个环节，指导他们形成良好的行为习惯。与此同时，家长也不要忽视孩子在成长过程中存在的心理问题，要努力寻找科学的方法总结孩子成长规律，做一名智慧型家长。

总而言之，家庭德育是一个系统工程。和谐社会是由一个个的和谐家庭组成的，因而，构建和谐家庭非常关键。和谐不仅仅是一种文化，更是一种心理境界。

引导孩子在家庭聚会中发言

在很多家庭里都有这样一种现象：孩子平日在家人面前很自如，一旦家里来了什么客人，就会突然安静下来，变得扭扭捏捏，也不愿意主动向客人问好，就算客人向他打招呼，孩子也总是躲躲闪闪的，不愿意应声。

美国河郡学院心理学与教育学教授卡萝尔•亨青格就这种现象做了研究，研究表明：中国儿童比美国儿童在社交中发生障碍的比例要高出13.8%。中国父母易发怒程度比美国父母要高出26%，在严厉程度上则要高出52.2%。

研究表明，之所以会出现这样的结果，与中国父母对孩子的高期望有关。有时候家长对孩子有着过高的期望和要求，殊不知这给孩子造成了巨大的压力。很多时候，孩子达不到父母设定的要求，家长非常容易对孩子产生失望和责备的不良情绪。然而父母的种种不良情绪，很容易对孩子的情绪和心理造成消极的影响，以至于出现严重的后果。

如何鼓励孩子在人群中大胆地讲话？最好的要诀就是鼓励。只要孩子愿意开口表达自己的想法，家长就要鼓励。孩子的每一次成功都和家长的鼓励息息相关。如果孩子不敢在大人面前讲话，可以先从他们的小伙伴开始。家长要有意识多邀请邻居以及亲朋好友的孩子来家里做客、玩耍。然后，开始尝试鼓励孩子在熟悉的大人面前自如地表达自己的见解，再慢慢地带着孩子走向陌生人，让孩子慢慢可以在陌生人群中不畏惧地表现自己。当然，这个过程需要一些时间，家长切勿操之过急。

梅歌今年7岁了，她非常胆小，只要一出门就会一直拉着妈妈的手，碰见妈妈的朋友，她也从不敢主动打招呼，只会一直凝视自己的脚，并且两个嘴角也会自然垂下。

为了让梅歌重新树立起说话的信心，妈妈找来一位当老师的朋友帮忙。一天，那位老师登门拜访，梅歌一见到有陌生人便躲在妈妈背后，那位老师很亲切地蹲下来询问她的名字，梅歌只是注视着他默不作声。

此刻，妈妈开口回答："她叫梅歌。""多么悦耳的名字啊，这么富有诗意，能大声地对叔叔喊出你的名字吗？"老师听后立马就对梅歌赞扬道。梅歌用微弱的声音说："梅歌。"她声音很小，不过，她终于肯讲话了。

次日，妈妈的朋友再次来到家里，他依旧以蹲下身子的姿势跟梅歌交流，不断启发她找出自己的优点，并慢慢说服她将这些长处罗列到纸上。当梅歌在同时面对客人和父母的情况下，勇敢地说出自己的优点时，她得到了大家的一致赞扬，梅歌的脸上也露出了笑容。

紧接着第三天，这位叔叔又鼓励梅歌照镜子，并引导她评价自己的长相，可是梅歌总是说自己既难看又愚钝，表现出一副自卑的神情。对此，叔叔又鼓励梅歌面对镜子对自己说："我很善于观察，我是一个美丽又大方的女生。"

经过朋友的悉心帮助和劝导，慢慢地，梅歌重拾信心，说话的胆量越来越大。一段时间后，梅歌终于跨过了自卑那道坎，能够很愉快地和大家聊天、说话。

孩子小的时候，对自己的认识还不太准确，必须依靠长辈对他们的认同才能找到自信。假如家长总是鼓励孩子，并且对孩子好的行为和表现持赞同的态度，孩子慢慢就会变得自信；假如长辈一直对孩子持否定的态度，总是责骂孩子事事不如人，那么孩子的自信心就会受到严重打击，甚至觉得自己愚钝无知。孩子一旦有了自卑的心理，和别人交流的时候就会有心理障碍了。

因此，要想孩子无所畏惧地和别人交流，勇敢地表达自己，家长就应该不断给予孩子信心，积极引导孩子发现自己的优点，在他们身上找到优于他人的亮点，并鼓舞孩子大胆和别人交流，勇敢表达自己。

家长应经常积极鼓励孩子，并且不断夸奖孩子，赞美他们的优点，比如说："这孩子真勇敢，真棒，既大方又聪明！"如此一来，孩子自然就会树立信心，就会认为自己是最棒、最勇敢的，也就更加愿意和别人大方地交流。相对来说，在发现自己孩子话少、胆子小后，很多父母都会责骂孩子，甚至在孩子在场的情况下对朋友抱怨："这孩子总是怕见人，话少。"家长这种持续的消极行为不仅会给孩子的心理蒙上阴影，而且让孩子更加胆小，自卑心理也越来越重。

切记不要总是揭孩子的短，总是埋怨孩子自卑、怯懦。家长应该及时发现孩子的优势，反复对孩子的正确行为给予肯定与鼓励，第一时间让孩子对自己有一个积极的认识，让孩子认为自己是最聪明、最胆大、最好的，这样他们才会信心满满地展示自己。

特别是在某些家庭宴会上，很多家长由于爱面子，总是反复教导自己的孩子一开口就如何称谓长辈，如何跟朋友和长辈打招呼等。家长这样的行为只会适得其反，很多孩子可能会更加不愿开口说话，变得更加怯懦。

类似于家庭聚会这样的活动十分常见，特别是逢年过节的时候，一些孩子表现得敢说敢做，很活跃，总能成为聚会上的亮点，相反，有的孩子则沉默寡言，表现得很拘谨。因此，在聚会上教导孩子懂礼貌，勇于展示自己，是提高孩子交流水平的有效途径。

兰兰跟着爸爸一块儿参加了舅舅家的19人聚会，由于是第一次参加这么大的家庭聚会，刚到聚会场地时，她非常高兴。

兰兰刚进门就激动地赞叹道："桌子好大啊！"

家庭成员到齐后，父母鼓舞兰兰当众唱了一首《我的家》，立马赢得了大家的一片欢呼声，兰兰为此开心得不能自已。

聚会开始了，外公作为家里最老的长辈首先发话："金虎迎新春，祝大家在新的丰收年里硕果累累！"

舅舅们都给外公敬了酒，8岁的兰兰和其他表兄妹也不甘示弱，纷纷以可乐碰杯表示祝贺。

过了一会儿，爸爸又让兰兰用可乐给外公和舅舅们敬酒，兰兰立马大胆地站起来，毫不拘谨地拿起酒杯举向外公："外公，兰兰祝您身体健康，每天开开心心，希望这样的聚会年年有，我们碰杯！"大人们瞬间被这清脆甜美的声音吸引住了。

兰兰在宴会上大方得体的表现受到了在场所有人的一致好评。为此，兰兰开心极了。

在居住、生活质量不断提高的当今社会，更多的家庭聚会频繁出现。这样的活动不但能促进亲人间的情感交流，还能给自己带来快乐。关于家庭聚会中的一些问题，一般只有大人决定，小孩子虽然只是扮演参与者的角色，但在宴会中也不可或缺。客人们都在场时，孩子活泼的表现总能成为宴会上的亮点。

　　家长还应教会孩子一些礼节事项，以便更能吸引大家的目光，结交更多的好朋友，树立自身形象。

　　（1）教导孩子对客人以礼相待。别人赠予礼物的时候，要愉快地致谢；向长辈打招呼的时候声音要响亮；称呼堂（表）兄弟姐妹的时候，不要直接叫名字、不要起外号，尽量教导孩子在名字后加上合适的称谓，比如春丽姐姐、晓明哥哥等。

　　（2）教导孩子有意识地和在场的别的小朋友玩。孩子能跟任何一个现场的小朋友嬉戏聊天，只要他想，他都能做到。尽量教育孩子避免一个人在聚会场合呆坐着，什么也不做，光看别人玩，这样的话，别人很快就会忽视他，并且会阻碍孩子成长中的交际道路。父母应当鼓励孩子积极参与其中，为家庭营造欢快的氛围。还应注意的是，在和小朋友交流玩耍的时候，也应懂礼貌，会谦让，避免冲突与矛盾。

　　（3）教育孩子吃东西时知礼节。在比较庄重的聚会上，应鼓励孩子尽情享用；孩子们一块儿吃东西时，应让孩子注意谦让，避免出现争东西的现象；给长辈拿水果时应谦卑有礼，要让长辈先吃；应教育孩子在有人给他夹菜或者拿水果时要有礼貌地致谢。

　　（4）就餐后，应让孩子适当地休息一会儿。如果孩子吃饱饭后立马就和伙伴一块儿嬉戏的话，会不利于孩子的消化，饭后适当的休息，对孩子的健康有很大的好处。

　　（5）假如你和孩子是宴会的客人，在散会时，应教育孩子主动和聚会主人致谢并亲切道别。倘若你是聚会主人，在聚会结束的时候，应教导孩子在欢送客人时懂礼貌，并说出期待客人再次光临之类的话。

　　家庭聚会逐渐成为一种潮流。假如父母在聚会时经常注重培养孩子的自我展示能力，那么对于以后孩子参加一些聚会非常有利，比如好友聚会、同学聚餐等。甚至可以这样说，如果孩子在大型的家庭聚会上懂礼貌、知礼节并大胆表现自己，那么必然会获得众人的夸奖，这样孩子就会拥有自信，自然为广泛建立人际关系打下良好的基础，对孩子今后的生活、学习、工作也会产生深远的影响。

第四章

给予的幸福
——让孩子在奉献中敞开心扉

一、理论篇：童年应飘满赠人玫瑰的余香

爱是人类公认的最伟大的情感，是所有高尚品质和美好道德的核心。一个孩子健康性格的形成，需要爱的沐浴和灌溉，需要有爱、懂爱的家长，用爱给孩子的性格形成以正确的引导。

因为有爱世界才会很精彩，因为有爱生活才会很幸福，因为有爱心灵才能很富足。我们每个人出生在爱中，成长在爱中。假使一个人缺乏爱，没有爱，他会变成什么样？真的很难想象。人类最光辉灿烂的人性，最崇高伟大的品德就是仁爱。因此，教育子女如何做人，首先应该给予他一颗仁爱的心。

很多性格内向的孩子虽然心中也有爱，却不善于表达，总是把自己的心牢牢地保护起来，让别人难以靠近。对于这样的孩子，就应该鼓励他们多去帮助别人，在帮助别人的过程中与对方建立起良好的关系，就不会那么拘谨。

在加拿大有一个很普通的男孩，名字叫瑞恩。一次，6岁的瑞恩从老师的口中知道了非洲的生活状况：孩子们没有充足的粮食和药物，更没有玩具，甚至有的人因为喝了不洁净的水而死去。

老师对同学们说："我们的每一分钱都可以帮助他们：一分钱可以买一支铅笔，60分就够一个孩子两个月的医药开销，两加元能买一条毯子，70加元就可以帮他们挖一口井……"

这件事情极大地震撼了瑞恩，他的愿望就是为非洲的小朋友挖一口井。

他对妈妈说了自己的愿望。妈妈并没有认为瑞恩是一时的冲动，但是也没有立刻给他这笔钱。妈妈只说："你要捐70加元是好的，妈妈支持你，可是你应该用自己的双手去挣这笔钱。"瑞恩点点头，若有所悟。妈妈又说："你要听话，多干些活，多做些家务，把给你的工钱积攒起来，慢慢地就攒够了。"瑞恩说："嗯，我会努力干活的！"

这样瑞恩承担了一些琐碎的事。当弟弟和哥哥出去玩的时候，他用了两个小时的时间来吸地毯挣了两块钱；他为了挣到第二个两块钱，全家人都去看电影了，他却留在家中擦玻璃；他早早地起来帮爷爷捡松果，还帮邻居捡暴风雪后的树枝……

经过四个月的坚持，瑞恩把攒够的70加元交到了相关的国际组织里。没想到，工作人员说："要想挖一口井需要2000加元，而你交的这70加元只够买一个水泵。"

小瑞恩并没有因此罢休，他继续努力。用了一年的时间，通过朋友和家人们的帮助，他终于攒够了钱，捐赠了一口井，那口井建在乌干达的安格鲁小学附近。

瑞恩知道好多人都喝不上干净的水，因此，他并没有结束他的行动。于是，他开始了他的下一个目标，继续攒钱买一台钻井机，让更多的人喝上干净的水。他的梦想就是让非洲的每一个小朋友喝上干净的水，他一直坚持着。

报纸刊登了瑞恩的梦想。五年以后，千百人参加了一项当初那个6岁孩子梦想的事业。2001年3月名为"瑞恩的井"的基金会正式成立了。现在，基金会已经为非洲国家建造了三十多口井，总共筹集到的资金有百万加元。这个被称为"北美洲十大少年英雄""加拿大的灵魂"的普通少年影响了很多人，并让更多的人懂得了如何去爱和帮助别人。

瑞恩感动了很多人。假使瑞恩的妈妈不关心，不珍惜瑞恩的爱心，瑞恩是否能实现自己这个美丽而感人的梦想呢？瑞恩的妈妈让孩子通过自己的双手去实现自己的梦想，她并没有替孩子去实现，也没有替孩子去承担。瑞恩的爱心最真实，最有爱。他的梦想是靠自己的努力实现的。由此可以得知，瑞恩有一个伟大的妈妈，才会出现"瑞恩精神"。

孩子的镜子是父母，父母的影子是孩子。对于孩子，特别是内向的孩子来说，父母应该时时刻刻给孩子做好榜样，一言一行都要特别注意，不但自己要有爱心，愿意帮助别人，在孩子想要帮助别人的时候，也要多鼓励。孩子开始有爱心意识的时候，父母一定要给予及时的称赞和支持。

具体说来，对孩子进行爱的教育可以从以下几点入手。

1. 让孩子切身体会到爱的存在

著名的儿童文学家冰心曾经说过："有了爱就有了一切。"爱是阳光，是雨露，每个人的成长过程都需要阳光的照耀和雨露的滋润，只有拥有了爱，我们才可以健康地成长。苏联教育家苏霍姆林斯基也曾经说过："教育者的关注和爱护，在学生的心灵上会留下不可磨灭的印象。"因此，孩子在成长过程中，需要一个时刻充满爱的老师，只有这样的老师才会时刻关注、爱护我们的孩子，孩子在老师的目光中、手掌中、微笑中感受到爱的温暖，从而敞开心扉，学会如何去爱别人。

2．让孩子学会自己去爱

现在很多孩子都是独生子女，在家里是宝贝，在社会上是宠儿，因为时时刻刻都被爱包围着，反而因为得到的太多，以至于不懂得珍惜。甚至某些小孩性格自私、缺乏爱心，平时乐于享受，却不愿意分享。一个懂得爱的家长，在教育孩子的时候，应让孩子懂得爱的重心是付出和给予，培养孩子爱人的能力。

3．从生活小爱中启迪孩子的爱心

对孩子的爱心教育可以展开到生活中的一言一行中，可以从身边的小事做起。孩子在他熟悉的环境中更容易感受到爱的启迪。比如孩子们常玩的玩具，就好像是他们生活中最亲近的小伙伴，家长们可以引导孩子，把这些玩具当作朋友，以此培养孩子的爱心，学会爱的珍惜。

4．以身作则，成为孩子行为的榜样

对于孩子来说，成长的第一阶段便是模仿，身边的成人往往是孩子首选的模仿对象。不管是家长，还是教师，平时对孩子说话要温和体贴，多和孩子进行情感交流，多给孩子鼓励和表扬，让孩子直接感受到来自成人的浓浓的爱。特别需要注意一点，成人之间在孩子面前要注意使用爱的语言，比如"你辛苦了""我来帮助你""谢谢你"等。要知道成人之间的体贴尊重和相互关爱，恰恰是孩子爱心得以生根发芽的关键。因此，我们在有意识地对孩子进行爱心教育的同时，更要注意自己的言行举止，以身作则，通过自己的言行对孩子示范，成为孩子行为的榜样，给孩子营造爱的氛围，以此来感染孩子的心灵，让孩子成为一个真正

有爱、懂爱的人。

二、方法篇

♥ 将爱心教育渗透到孩子生活的方方面面

孩子喜欢模仿，他们既单纯又幼稚。父母要不断地加强自身修养，以身作则，对人热情友好，给孩子们树立楷模。孩子们可以从大人们的谈话和行动中，学习到大人们内心深处的好品质。

周强和小娟是一对80后的年轻爸妈，虽然并没有太多的育儿经验，他们也知道自己的一言一行对于孩子都很重要。所以他们从自身做起，让孩子从平时的耳濡目染中去感受人与人之间的关爱。

他们在家里处处做出表率，孝顺老人，从一点一滴的小事做起：给老人端茶送水，盛饭；过年过节给老人买礼物，表达自己的心意，等等。他们还经常征求孩子的意见，"给爷爷奶奶买什么礼物好啊"，让孩子也能参与其中，从小养成关爱亲人的品质。周末出去旅游，更是全家出动，一个也不落下，让孩子从中学习父母是如何孝顺自己的长辈的。

在给予老人关爱的同时，他们也让孩子更深切地体会夫妻之间的关心和体贴。吃饭时，周强在给孩子夹菜的同时，也不会忘了小娟。出差回来，除了给孩子买礼物，周强也会给小娟带一份礼物。全家人总会坐在一起吃东西，如果成员里谁缺席了，爸爸妈妈还会提醒孩子记得给对方留一份。除了行动，他们在语言上也是互相关心的，小娟做饭累了，周强会走上前去说："你累了，我来盛饭，你休息一会儿。"小娟在周强上班回来时，会关切地说："累坏了吧，快过来歇歇。"这些话语慢慢会渗透进孩子的心灵，让他从小学会关心家人。

在外，他们也时刻提醒自己做好孩子的榜样，他们会主动去关心邻居、朋友，不当着孩子的面说他人是非，帮助同事做一些力所能及的事，如取报纸、牛奶等，这些对于孩子来说都是极好的言传身教。孩子也慢慢明白，自己该如何去关心他人。

不要溺爱孩子，不要让孩子养成什么事都需要父母替做的坏习惯。要让孩子知道每个人都应该分担家里的事情，做自己力所能及的事，体会到做父母的不易，体会到爱的付出。

要想教育好孩子，首先应该教育孩子学会爱自己的父母，从小就教育孩子要有仁爱之心、孝顺之心，之后才会去爱别人、爱祖国。家长要做出好榜样，不要总是说，而不付出实际行动。家长的一举一动都时刻影响着孩子，所以家长应该以身作则，慢慢地去感染孩子，使孩子养成关爱他人的良好品质，从而明白这是一种美德。

利用节假日对孩子进行爱的教育

一年当中有许多节日，父母要想对孩子进行情感方面的教育，可以把节日利用起来，在节日活动当中穿插情感和品德教育。

为了使孩子养成尊老爱幼的好品德，可以在每年重阳节的时候，带着孩子拿着礼物去敬老院看望孤寡老人。

感恩节的时候，围绕"感恩"这个主题，可以让孩子看看自己拥有的一切是从哪里来的，并让孩子知道这一切来之不易，让孩子从心底里感谢父母的爱和养育。

💟 有意识地培养孩子的爱心行为

一个小学教师讲述了一件有趣的事情：他给学生们留了一个作业——用一元钱去做好事。随后他给每一位同学都发了一元钱。对学生来说，这是一件很新鲜的事情。他们是怎么做的呢？第二天，有80%的人把钱原封不动地拿回来了，剩余的那些人做了好事。当问到那些做好事的学生是如何做的时，他们中的大多数说直接把钱给了路边的乞丐。老师问那些把钱拿回来的孩子为什么没有做好事，有的孩子说："没有做好事的机会。"有的孩子说："我也看到了很可怜的人，但是不好意思把钱给他们扔到碗里，就只好装作没有看见。"

其实，到处都有好事可以做，只要用心就可以发现，为什么这些孩子却说"不好意思""没有机会"呢？孩子们对于"用一元钱做好事"的想法如此贫乏单一，还是因为平时受到的爱心教育太少了。如果平时经常受到此类教育，孩子们就会很自然地想到其他方法：买饼干给弟弟吃，召集所有朋友一起来捐款，与其他人或者父母商量如何用那一元钱……

所以，要想培养孩子的爱心，平时的启发和教育很重要。

在孩子的爱心观念还没有形成的时候，父母可以让孩子把做善事当作娱乐一样，每周都拿出一点儿时间来陪孩子做善事，一周后进行总结，问问孩子这一周花了多少时间来做善事。为增强孩子的荣誉感，应该多给予孩子赞扬和鼓励。经过不断的锻炼，孩子会找到更多做善事的方法，坚持下去。

父母通过利用存钱罐来教育孩子是一个不错的方法。比如把"帮助非洲畸形儿的存款"的标签贴在存钱罐的外面，就是一个很好的方法，可以让孩子从小就用善意和关怀来对待这个世界。如果把捐款的具体情况细致地告诉孩子，效果应该会更好。

日常琐事之中包含着许多智慧和善良。孩子长时间地去体验做好事，慢慢就会明白什么是善良的行为。

2013年5月21日，赵太太带着自己的女儿丹丹和几个孩子的家长一起来到白云区孤儿院献爱心。

他们到达孤儿院之后，丹丹很害怕，因为她觉得孤儿们长得很丑，举动很奇怪。他们会发出可怕的声音，还抢自己的东西吃，还打妈妈！但是，妈妈要求丹丹和他们握手，丹丹只好听妈妈的话，和那些孤儿握了手之后，也就不再那么害怕了。

过了一会儿，丹丹和龙宇翔把《让爱传出去》表演给孤儿们看。妈妈一直表扬丹丹做得很好，要是再加上表情就更好了。

接下来，好多同学也为这些孤儿表演了节目，他们过得很愉快，把自己带去的画和零食分给孤儿们。他们乐呵着，哼着小曲。最后，大家都欢快地回到了自己家中。

通过这次活动，丹丹受益匪浅，她明白了比起那些没有爸爸妈妈，没有人爱的孤儿，她是多么的幸运，她应该更加努力学习，将来回报爸爸妈妈和爱她的人。后来，她开始记录每天的心情和感想。

今天，我和妈妈还有老师同学们一起去了孤儿院。初到那里，我们看到他们的样子很害怕，甚至有的同学被吓哭了。慢慢地，我们和那些孤儿接触之后，也就不再那么害怕，我还为他们表演了《让爱传出去》的故事。后来，听说楼上还有不能下楼的孩子，家长们就去楼上看望那些不能下楼的孩子，我们继续为他们唱歌。家长告诉我们："他们有的没有脚，有的没有眼睛，有的只能躺在床上不能活动，真是可怜极了。"和他们比起来我们幸福多了，我们有父母的照顾。

——5月21日，《去孤儿院》

21日，当我走到孤儿院门外的时候，看见那一个个可怜的孤儿趴在铁门上欢迎我们。我心里突然咯噔一下："真是太可怜了，没有爸妈的照顾。"

走到院里，孤儿们就把我围住了，我感到很害怕，很慌张。当我们走到一个小房子的时候我才慢慢地把心放下来。我们给他们表演舞蹈、古筝、讲故事等节目，最后还送给他们一幅画。

在回家的路上我想到：我们要什么有什么，他们要什么没有什么，还没有爸爸妈妈的关心，真是可怜。我们为什么不好好珍惜现在所拥有的呢？

——5月22日，《看望孤儿之后》

一进入白云区孤儿院，我就害怕了。但是后来，听到一个孤儿对我们说："祝你们儿童节快乐。"我立刻就不害怕了，感动得很想哭。他们的身体都有缺陷，不能离开房子，我想要他们生活得更好，可是我能力有限，我希望大家都去帮助他们，给他们更多的关心。

——5月23日，《关爱孤儿》

当妈妈看到丹丹的那些日记的时候，她确实被感动了，她感到很吃惊，一个小小的爱心活动竟然能让孩子感触这么深，这种"爱"比纸上谈兵来得更实惠。

其实，就像赵太太那样，在生活的琐碎之事中慢慢地影响和教育孩子，效果会比我们想象得更好。只要家长多用心，多带孩子参与爱心活动，多给孩子讲道理，就能潜移默化地在孩子的心中植入爱的种子。

帮孩子树立正确的是非观念，强化爱心意识

孩子的年龄小，尚没有形成清晰正确的是非观念，而是非观念是爱心意识的基础。家长要从旁积极地引导，帮助孩子分清事情的性质好坏，免得做出错误的"爱心行为"。

1. 帮助孩子分清好坏，启发孩子的自觉性，注重说理教育

讲道理可以提高孩子的认知能力，分清好坏，正确规范自己的行为。孩子有时候很难去分清行为的好坏。作为父母，应该多和孩子讲道理，让他知道什么是好的，什么是坏的，千万不可以端着父母的架子，这样只能适得其反。

小猫咪是欢欢的小宠物，欢欢对它喜欢得不得了，每次放学回到家都要先到猫咪那报到，陪它说话，喂它吃东西，带它去遛弯。可以说，猫咪就像是她的弟弟一样，她对它是千般疼来万般宠。

这天，欢欢和妈妈带着猫咪一起去公园玩。猫咪一来到公园高兴坏了，撒着欢儿地到处跑，试图挣脱欢欢手里的绳子。欢欢见状，

只好无奈地松开手，并亲昵地对它说：去玩吧！

突然，欢欢听到一阵刺耳的声音，像是自己猫咪的惨叫声，于是她赶紧跑到事发地点。原来是一只大狗咬住了猫咪的耳朵。欢欢见状火了，自己的"弟弟"咋能任人欺负，于是随手捡起一块大石头就朝大狗的脑袋上砸去，大狗疼得叫了一声，松开了咬住猫咪耳朵的嘴。这下欢欢的"弟弟"才总算是被解救出来了。欢欢似乎还气性未消，走到大狗的身边又用力踹了它一脚，大狗才仓皇跑开了。妈妈见状跑过来，耐心地对欢欢说："你救了你的猫咪是没错，可是你却将那只大狗打伤了，这样处理事情是不是欠妥呢？"

欢欢闻言，点点头，但依然不知道该如何做，于是请教妈妈："那我该怎么做才好呢？"

作为欢欢的妈妈，此时就应该指导欢欢，什么样的做法才是正确的，为什么要这样做。这样，这件事就可以成为教育欢欢的一个很好的契机。

2. 随时随地发现孩子关心他人的行为，把无意识的行为转变为有意识的行动

家长要随时掌握孩子的一言一行。无论他帮助他人的行为，是在大人的暗示之下还是自发做出的，家长都应该给予鼓励、赞扬。为了把孩子关心他人的愿望激发出来，就要不断地去锻炼他，慢慢地，这种无意识的行为也会变得有意识。如小弟弟摔倒了，家长就暗示孩子去把小弟弟扶起来，并且对孩子说："××真是好孩子，学会关心弟弟了。你看见没，小弟弟多感激你啊！"孩子因此感到很满足，从中找到了关心别人的乐趣。

3. 通过文艺节目来影响孩子去关心他人

孩子对直观教育最感兴趣，如故事、图书、电视、电影等。家长们可以利用这一点，让孩子们观看或者给孩子们讲解有关相互帮助、相互关心的内容引导幼儿去模仿。

孩子也是这个社会中的一员，他们要想在社会中站稳脚跟，处理好复杂的人际关系，必须从小就学会关心人和事。孩子们一辈子的精神财富就是他们懂得如何关心别人，如何尊重别人。

让我们来教会孩子们学会关爱吧，让爱心为他们敞开心扉，快快乐乐地过每一天。

♥ 把最喜欢的零食送给小伙伴

孩子接触最多的除了父母，就是小伙伴了。和小伙伴在一起玩耍，不但可以让孩子变得快乐，还可以让孩子喜欢上与别人相处，不会把什么事都憋在心里，这对于"扳正"孩子的内向性格是很有好处的。那么，小伙伴之间应该如何相处呢？

1. 让孩子从小学会分享

我们晓得，想要从一个1周岁大的孩子手里拿走一块饼干是很难的，因为他还不懂得分享。当孩子两三岁时，他们已经学会走路，但是他们还没有形成正确的判断观，无法区分"自己的"和"别人的"物品。一旦他们将一件物品认定为"自己的"，当其他人想要拿走这件物品时，他们会大发雷霆，觉得东西被拿走了就没有了。大多数孩子在这个年龄都有这样的特征，这是很正常的行为。

有一天，一家人正在客厅里看电视，2岁大的清清拿着饼干一边吃着，一边看着大家。这时，奶奶对清清说："清清乖，来奶奶身边，把饼干给奶奶咬一口好不好？"看着慈祥的奶奶，清清很快走了过去。清清把手中的饼干递给奶奶，奶奶假装咬了一口，笑着说："清清真是个乖孩子，奶奶不吃清清的饼干了，清清自己吃吧。"听完奶奶的表扬，清清蹦蹦跳跳地跑开了。不一会儿，清清的小姨从厨房出来了，清清连忙跑上去亲了一口小姨，然后把手里的饼干往小姨嘴巴里送，笑着说："小姨，吃饼干。"看着外甥女这么懂事，小姨很开心，张开嘴轻轻咬了一口饼干，说："清清真乖，小姨最喜欢清清了。"看着手中的饼干少了一半，清清的笑脸瞬间消失了，她噘起小嘴哭着说："饼干，饼干不见了，小姨，还我饼干……"小姨一下子变得手足无措，这时奶奶急忙忙地跑过来，一边假装重重打着小姨，一边对清清说："清清乖，不哭哈，小姨不乖，吃清清的饼干，奶奶打小姨哈。"说完，便抱起清清去拿其他吃的了，留下一脸无辜的小姨愣愣地站在原地。

案例中，清清和奶奶玩惯了"假吃"的游戏，在清清脑海中逐渐形成一种想法：我喜欢吃的东西大家都不会抢，不仅如此，大家还会表扬我。但是，清清的小姨并没有和清清玩过"假吃"的游戏，看着外甥女如此懂事，小姨便吃了清清的饼干，因此才有了这一场闹剧。如果清清的家人一直用这样的方式教育清清，久而久之，清清就会变得越来越自私，越来越不愿意与他人分享自己的物品。

大人是小孩学习的榜样，在日常生活中，大人要以身作则，引导孩子学会分享。例如，饭后吃甜点时，大人要引导孩子将好吃的东西分享给其他人。当然，接受小孩子分享的食物时，大人一定要表扬孩子，以此让小孩子感受到分享是快乐的，让孩子学会分享，学会礼貌对待其他人。

2. 让分享成为自觉自愿的行为

让两三岁的孩子主动分享自己喜爱的东西，是一件不容易的事情。对于小孩子来说，他们对自己喜欢的东西有强烈的占有欲。想要让孩子学会分享，我们不能给孩子施加压力，而应该用鼓励的方式，一步步引导孩子。对于孩子的每一点进步，我们都必须及时给予肯定、鼓励和赞扬，让孩子逐渐将分享变成一种自愿的行为。

有一个妈妈说了这样一个故事：

"在家中，刚刚2周岁的琪琪是全家人的开心果。从琪琪出生开始，我便有意地引导他将自己喜欢的食物和玩具分享给其他人。由于岁数小，琪琪并不懂得分享的意义，但是在我的鼓励下，每一次他都会很大方地把自己的东西拿给其他人，这时，我会及时赞扬他。久而久之，在琪琪心里产生了一种想法：只要我把我的东西分享给其他人，妈妈就会表扬我，夸奖我。

"有一天，琪琪的小表哥来找琪琪玩，我还没来得及说话，琪琪就把自己的飞机、遥控车、挖掘机等玩具搬出来给表哥玩。看着琪琪这么懂事，我便让他们两个自己在房间里玩耍。可是，没过多久我就听到琪琪的哭声，我急忙跑到琪琪的房间，看见两个小孩子正在争夺一辆挖掘机玩具模型。我猜琪琪肯定是不舍得新买的挖掘机玩具模型，于是我拿来了另一辆挖掘机玩具模型，笑着对琪琪说：

'琪琪乖，不要哭了，妈妈这里还有一辆挖掘机模型，你把新的那辆让给哥哥玩，好不好？'琪琪看了看我手上的挖掘机模型，又看了看我，然后松开手说：'那好吧。'看到两个小孩子不再为玩具而争吵，我连忙说：'琪琪真棒，晚上妈妈给琪琪买好吃的。'"

案例中，琪琪之所以会选择放弃新玩具，也许是因为妈妈手上的另一个玩具转移了他的注意力，也许是因为他希望得到妈妈的表扬。不管是因为什么，在妈妈的鼓励下，琪琪将自己的新玩具让给哥哥玩耍，这说明在大人的鼓励下，琪琪已经在一定程度上学会分享。我们应该从小培养孩子，引导孩子，当孩子将自己的物品分享给他人时，我们应该及时表扬。家长是孩子的榜样，只要家长以身作则，通过言传身教让孩子享受到分享的快乐，久而久之，小孩子就会将分享当成一种自觉自愿的行为。

♥ 周末做社区的小小服务生

瑞典的一位教育学家说："您的孩子属于全世界。"任何一个生命的成长过程，都是不同的"个体社会化"过程。个体社会化是个体适应社会的各种规范，通过自身和社会大环境的相互作用，吸收来自社会的经验，使自己成长为一个独立的、合格的社会成员。在成年人的成长过程中，社会对他们的成长有巨大作用；相比成年人，对孩子而言，社区对孩子的影响比社会大环境对孩子的影响更加深远，更加具体。

尽管如此，很多孩子的父母并不愿意让自己的孩子参与到社区活动中，很多家长认为参与社区活动会滋长孩子爱玩的想法，导致孩子产生厌学心理。为避免孩子"玩物丧志"，他们更乐意将孩子留在身边，让孩子始终生活在自己的眼皮子底下。这些想法是错误的，社区活动对孩子的成长有很多有利影响，集体活动能丰富人生阅历，还能开发孩子的大脑，让孩子的童年更加美好。

几十年前，苏联的教育部门为了找出科学的培养孩子的方式，他们做了一次科学实验性质的调查。教育科研部门随机挑选了几十名性别不同、职业不同、年龄不同的成年人，并向每一个参与者分发了同样的铜块、钢锉、台钳和卡尺。调查人员给所有参与者分配了一个任务，让他们用工具将铜块打造成一个长宽高都是两厘米的正方体。一个小时后，调查人员收走了所有参与者的工具和铜块，并由专人按照八级钳工的标准对每个参与者的能力进行评估。经过检查，调查人员发现在所有参与者中，大多数人都没有达到八级钳工的水平，仅有七八个人十分接近八级钳工的水平。为了找出这七八个人和其他人的不同之处，调查人员针对每个参与者的年龄、性别、职业、爱好等方面做了专门调查，但是令调查人员失望的是，从这些方面根本找不出合适的不同点来解释两者间的动手能力的差距。这时，调查人员想出了一个新的办法，那就是通过走访所有参与者的家庭去了解这些成年人的童年经历。经过一段时间的调查，调查人员发现，加工能力强的几个成年人小时候都参与过学校或者少年宫组织的有关手工制作方面的活动。

由此，苏联的教育科研部门得出一个结论：小时候接受过动手能力训练的人，在成年后拥有一定的工具使用能力和自我控制能力。

实际上，很多国家十分重视社区的发展。在瑞士的许多社区都设有专门的"孩子之家"，这个"家"里有专门的老师和服务人员，他们为2岁到12岁的孩子提供游戏娱乐的服务和场所。由于"孩子之家"设立在社区里，孩子们可以就近参与集体活动，愿意与他人交朋友的孩子能在这里找到许多好朋友。据社区服务人员介绍，"孩子之家"的最大特点就是营造一个专属于孩子的家，不同年龄的孩子在这里可以感受到家的温馨，可以感受到亲如兄弟姐妹的友谊。"孩子之家"的设立不仅仅是给社区的孩子提供一个娱乐场所，更能在一定程度上帮助孩子学习成长。在"孩子之家"，每一个年龄小的孩子都可以向年龄大的孩子学习，"孩子之家"的老师不需要花费过多的心思去指导孩子。年龄小的孩子会听哥哥姐姐和老师的话，年龄大的孩子会主动照顾他们的弟弟妹妹，这样的课余教育模式可以帮助孩子树立更健康的心理，让孩子们自觉学会照顾他人，帮助他人。

由于国情不同，在我国，社区是以行政区域划分的。在我国大多数城市，所谓社区是指以街道为单位的管辖区域。随着物质水平的提高，人们对社区建设越来越重视，近些年更是形成了一股"社区热"。不少教育学专家认识到社区的建设能帮助孩子更健康、更快乐地成长。越来越多的人认识到社区发展的重要性，不少父母会让孩子参与社区活动，会在工作之余带着孩子一起参加集体活动，他们明白让孩子参与社区活动能帮助孩子更快成长为一名合格的"社会人"。

1996年，洋泾中学将社区工作课列入学生日常的课程安排中，校方希望通过社区活动让学生更深刻地理解关爱他人的重要性。《中国青年报》报道了洋泾中学的这一举动，这则消息引起社会各界人士的热议。

校方将社区课列入课表，但社区课并不像其他课程，校方不要求学生一定要参与该项课程，让校方感到惊奇的是，所有学生都愿意参与社区课。张磊是洋泾中学的一个学生，性格大大咧咧的张磊最难以忍受的就是奶奶的叮嘱，一直以来他都觉得奶奶的叮嘱是一些没有意义的话。但是当他参与社区课，为社区服务后，他才发现老人家的叮嘱并不是唠叨，他们只是通过这种方式来关爱后辈。社区服务不仅让他明白了奶奶的苦心，更拓宽了他的交际圈，他在参与社区服务的过程中认识了许多校友，并从其他人那里学到了许多课本上没有的实用性知识。

12岁的张磊在父母的鼓励下，每到周末就会自觉来到社区做义务服务。张磊的主要工作就是陪老人聊天，逗老人开心。社区中许多老人的子女并不在身边，他们的日常生活就是散步、吃饭、发呆，偶尔找几个同样无事的老人下下棋，听听曲。为了让孤单的老人们享受到子孙福，张磊的父母经常鼓励小张磊去陪老人们聊天，时间久了，即使父母不说，张磊也会自觉跑到社区陪老人，不少老人都开玩笑说，小张磊就像个专门送欢乐的"服务生""小天使"。

实际上，最开始的时候有不少老人并不欢迎张磊，他们觉得张磊贸然闯入了他们原本平静的生活，每次张磊主动找他们聊天时，他们都会无视小张磊，把他一个人晾在旁边。张磊的爸妈知道这件事后，并没有制止儿子去社区，而是把这种情况当作儿子走向社会前的历练，让张磊用自己的能力去克服困难。张磊的父母说："虽然张磊现在接触的人大多是同龄的孩子，但是他早晚会长大，以后他要接触的人会越来越多，碰见的人的性格、年龄等也有很多不同，想要更好更快地适应社会，现在就要教会他独立面对困难，独立解决困难。"因此，张磊的父母用张磊感觉不到的形式一步步引导张磊，让他认识到想要获得老人的友谊就要勾起老人的谈话欲，因此找出一些老人感兴趣的话题是他首先要做的事情。

张磊说："学校也组织过一些学雷锋的活动，大多数学生都会参与，但当活动结束后，我们便不会有做好事的意识。毕竟作为一个学生，我们还是以学习为主，一天中大多数时间都生活在家中和学校，因此也很难有机会接触社会。但是，当我们开始接触社区服务后，我们发现社区中的老人们确实需要有人去照顾，虽然我还没有长大成人，不能为国家做什么大贡献，但是我已经能以自己的能力去做一些有利于老人的事情。"

教育的目的是教书育人，教导孩子学会必要的知识只是教育的目的之一，教会孩子如何成为一个合格的社会人才是教育最大的目的。在我国，让中学生参加社区活动做义工等算得上是一件新鲜事，但是在国外，很多国家和地区有明确的规定，要求中学生参与社区活动，为社区义务服务。

德国：在校中学生要想拥有就业资格，必须参加邻里委员会的义务服务活动。

美国：得克萨斯州立法规定，任何一个中学生想要取得毕业证书，必须在在校期间参加110个学时的社区服务活动。

孩子的成长需要社区，社区的建设需要孩子。社区为孩子提供一个娱乐、学习的场所，孩子为社区增添青春活力。社区中有许多可

以供孩子利用的资源，例如社区设立的孩子之家、体育馆、图书馆
等场所，父母应该引导孩子去使用这些资源，让孩子通过娱乐逐步
适应社区生活。

第五章

相处的魅力
——培养孩子的社交能力

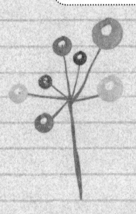

一、理论篇：从与人交往中改善性格缺陷

每一个人从出生开始，就会受到社会各界的影响，这是因为社会是由个人组成的，因此每一个人都属于社会。每一个新生命诞生后，要在社会的影响下从一个"自然人"逐渐成长为一个"社会人"。这种身份转变的过程就是新生命学习、成长、发展的过程。

孩子在成长过程中离不开他人的帮助，任何一个孩子在不断自我完善的过程中都受到父母的影响。父母应该有意识地去培养孩子处理人际关系的能力，帮助孩子成为一个合格的社会人。特别是对于内向的孩子来说，处理人际关系并不是他们所擅长的，这时候，父母的责任就更重了，需要多下功夫。

6 岁的刘兵是一个活泼好动的孩子。有天学校放学后，刘兵急匆匆地跑回家，对妈妈说："妈妈，晚上不用做我的晚饭了。"好奇的妈妈问："傻孩子，妈妈不做你的晚饭，你吃什么？"刘兵笑着说："妈妈，今天是我们班夏辉的生日，他说要我们几个同学去他家吃饭，还有蛋糕哦。"担心刘兵安全的妈妈说："夏辉家离我们家挺远的，你一个人走夜路，妈妈不放心啊，要不，我给夏辉的妈妈打个电话，说你今晚不去了吧。"听到妈妈这么说，刘兵可不乐意了："不行啊，妈，我都已经答应夏辉晚上去他家了，如果不去，明天他肯定说我是个撒谎的孩子。我早点

回来就是了。"妈妈只好求助刘兵的爸爸："就算妈让你去，你爸也不会同意啊。"刘兵转头看着爸爸，只听爸爸说："非去不可？你确定夏辉是真的想要你参加？"刘兵挺起小胸膛，骄傲地说："那可不，男子汉说话算话。夏辉可是我最好的哥们，放学前他一直邀我去他家呢，他说他的姑姑、姑父等亲戚都会去参加他的生日派对。"爸爸从口袋中掏出一些钱，对刘兵说："既然这样，那你早去早回，下次有机会也邀请你的同学来我们家玩。这些钱你拿着，路上买点儿小礼物。"刘兵边走边说："不用了，礼物我们早买好了。"看着儿子欢天喜地地跑出家门，妈妈连忙喊道："慢点走，晚上要回家时给你爸打个电话，他去车站接你。""知道了，妈。"没一会儿，刘兵就走远了，这时刘兵的妈妈对孩子他爸说："这下好了吧，原本想让你吓唬吓唬他，让他乖乖在家吃饭，你倒好，就知道宠孩子。"爸爸笑着说："我看儿子去参加夏辉的生日派对没什么不好的，儿子也不小了，不能再像以前那样管着了。再说，孩子也有交朋友的权利嘛，咱们适当地管得松一点儿也能培养他的交际能力，你说对吧。"

心理学专家曾得出一个结论：3岁大的孩子已经产生交往的意愿。随着孩子的年龄逐渐变大，他们的生活环境也会有所改变，大多数孩子对朋友和集体生活产生了需求，他们希望与更多的人交往。当需求得不到满足时，很多孩子就会出现心理问题。

即便大家了解小孩子的这种意愿，很多家长还是表示，他们发现自己的孩子总是在交往过程中很被动，显得十分内向。造成孩子内向，难以与人交往和结交朋友的原因，主要是以下几个方面。

1. 缺乏游戏伙伴

现在很多孩子都是独生子女，在父母眼中，他们都是独一无二的掌上明珠。虽然孩子的父母十分重视培养孩子，时不时会和孩子一起做游戏，但是孩子们在童年时期最需要的玩伴是同龄人，而非父母。没有兄弟姐妹，又缺少一起玩耍的同龄人，长期生活在父母的羽翼下的孩子会变得越来越"金贵"，一旦生活环境发生改变，这些适应性差、交流经验不足的孩子就会出现各种交往障碍。

2. 以自我为中心

有些孩子从小跟着爷爷奶奶长大，老人们会过分关心孙子孙女，对孩子提出的要求会尽全力满足。过分的迁就使孩子养成了以自我为中心的习惯。当孩子与他人交朋友时，他也会我行我素，一切按照自己的喜好办事，过分的霸道会使得其他人厌恶他、疏远他，交往障碍自然而然就产生了。

3. 缺少交流时间

为了不让自家的孩子输在起跑线上，很多家长给孩子制订了"充实"的日常计划。各种补习班夺走了孩子的课余时间，即使有些家长没有给自家孩子施加重压，他们也会以孩子的安全为理由将孩子留在身边。这种种做法都使得孩子与他人交流的机会越来越少，对于心智还在不断成熟中的孩子来说，缺少交流机会就意味着缺少交流经验，这些孩子的交往能力自然得不到提高。

4. 过早接触网络

过去，孩子们的娱乐场所一般在户外，比如老鹰抓小鸡、丢沙包、踢球等。通过面对面的游戏，孩子们学会了自然地加入集体，与新伙伴沟通和交往。随着科技发展，现在的孩子的娱乐场所从户外变成了室内，越来越多的孩子通过QQ、微博、网络游戏平台等个体化游戏方式来放松自己。久而久之，当这些孩子在网络上沟通时，他们是一个个能言善辩的人，当脱离网络来到现实生活中，他们却变成了"哑巴"。在不受规则约束的虚拟世界里，孩子们可以随心所欲地交流，但到了现实社会中，缺少面对面沟通经验的孩子们就彻底丧失了交往能力。

孩子出现交际困难的原因有很多，上述只是多种因素中较为主要的几种。家长想要帮助孩子摆脱交际困难，必须先了解衡量孩子交际能力的标准。

（1）对新环境有较强的适应能力。

（2）即使是面对特殊情况，一样能控制住自己的情绪。

（3）不依赖他人，有较强的独立性。

（4）合作能力强，在活动中与同伴和谐相处。

（5）懂得谦让，乐于助人。

（6）有自主性，同时能理解大人的想法，并能按照大人的想法办事。

（7）有一定的组织能力，能带好头，组织同伴参与活动。

（8）在公共场合，敢于表述并能清晰表述自己的想法。

（9）性格开朗，尊重他人，敢于主动结识他人。

这九条是专家提出的衡量孩子交际能力的标准，家长可以参照这些标准看看自家孩子欠缺的是哪些方面。为了帮助家长提高孩子的交际能力，下面有一些办法供家长们参考。

1. 营造良好的家庭氛围

孩子出生后，最早接触的对象是父母，在孩子成长过程中，父母对孩子的影响最为深远。在孩子还小的时候，家长需要多和孩子沟通，多做亲子互动的游戏，为孩子营造一种平等、关爱的家庭氛围，让孩子在娱乐的同时感受到交际的快乐，以此促使孩子产生平等交往的意愿。良好的家庭氛围不仅能使孩子感受到交际的愉悦，更能帮助孩子更快更好地理解互相帮助、平等友爱的重要性。一个懂得关爱他人、帮助他人的孩子更容易被同龄人接受，更容易融入集体。

2. 培养孩子良好的品质

霸道、自私、内向的孩子在集体生活中容易被他人忽视或者疏远，而性格开朗、宽容、大方的孩子则容易被其他人欢迎和喜欢。孩子能否交到朋友，能否融入集体，这和孩子的行为习惯有很大关系。

如果您的孩子是个胆小、内向的孩子，您要"干涉"孩子的交际活动，适当创造条件让孩子与他人交往，尽量不要占用孩子的课余时间，让孩子有足够的时间去交朋友。生活中，家长要多与孩子交流，对孩子的每一点进步给予肯定和赞扬，鼓励孩子放开手脚，主动与他人交往。

如果您的孩子是一个以自我为中心的孩子，您首先要做的是反省自己的言行，在以后的生活中不要过分溺爱孩子，对孩子提出的要求要视情况决定是否满足孩子。平时，家长可以通过一些经典的趣味故事告诉孩子哪些行为是不被大家接受的，哪些行为是不能做的。必要时，可通过适当的小惩小戒来帮助孩子更深刻地认识错误。同时，家长要注意自己的教育方式，避免出现做法不一的情况。

3. 为孩子创造交往机会，扩大交际范围

扩大孩子的交友范围。任何一个孩子不仅需要和父母交往，需要和同龄人交往，也需要和一些其他年龄、身份的人交往。当孩子的心智有所提升后，父母应该创造机会，让孩子结交一些不同年龄的人。扩大孩子的交际范围，不仅能提高孩子的交际能力，更能帮助孩子更早更深刻地认识社会。现在大多数孩子都生活在单元楼里，因此，父母应该多带孩子参与一些邻里活动和户外活动，帮助孩子寻找不同的交流对象。

家长应该鼓励孩子和邻居家的孩子交往，不管对方是同龄人，还是不同年龄层次的人。和谐的邻里关系意味着良好的周边环境，建立和谐的邻里关系后，孩子们可以更加安全、便捷地扩大交友范围，认识更多的人。除此之外，家长应多带孩子走亲戚，特别是要和有孩子的亲戚多走动，必要时可以让自家孩子在亲戚家留宿几天，让孩子换个生活环境，以提高孩子对新环境的适应能力。

在社区里，家长要鼓励孩子参与社区活动。集体活动不仅能让孩子认识更多的朋友，还能帮助孩子学会如何同不同年龄、性别的人交流。条件允许的情况下，家长可以带孩子参与公益活动，让孩子认识到优质的生活来之不易，让孩子学会感恩，学会珍惜。家长在工作之余应多带孩子做户外活动，让孩子在感受大自然的同时接触更多的人，以此提高孩子对环境、人群的适应能力。

如果家长由于工作原因没有足够的时间陪伴孩子，那可以邀同样情况的家长，组成家长联盟，让不同身份的家长轮流照看孩子，让孩子在增强适应能力的同时结交更多朋友。

4. 指导孩子掌握交际策略

（1）学会基本的礼仪。举止得体的孩子往往比不懂礼貌的孩子更受欢迎。因此，家长要教孩子学会基本的礼仪，见到长辈主动问好，遇到熟人主动打招呼。

（2）锻炼语言表达能力。很多孩子之所以出现交际困难，是因为他们不善于表达自己，其他人无法从言语中得知他们想要表达的想法。因此，家长应该加强与孩子的沟通，以生活中的事例为题材多和孩子交流，鼓励孩子发表自己的看法。通过这样的方式锻炼孩子的语言组织能力和语言表达能力，让孩子成为一个会想、会说的人。与此同时，家长要教孩子虚心听取他人的意见或者建议，一方面孩子可以从他人那里学到更多的知识，另一方面这能拓宽孩子的胸怀。

（3）学会随机应变。由于心智尚未成熟，孩子之间经常爆发"战争"，这个时候家长并不适合出来调节纠纷，家长要清晰地认识到让孩子独立解决问题是对孩子的交往能力的一种锻炼。日常生活中，家长要多举实例，教孩子学会多角度审视问题，面对不同的问题要随机应变。

（4）丰富孩子的知识经验。我们可以发现，孩子群里的"中心人物"往往是那些有创意或者有特长的孩子。在生活中，家长不要一味地让孩子学习各种书本知识，家长要尊重孩子，不要过多地占用孩子的课余时间，一味地闭门读书是不能培养出一个出色的社会人的。只有丰富孩子的课余生活，增长孩子的生活经验，才能帮助孩子融入集体，受到小伙伴的青睐。

二、方法篇

♥给老师写一封长长的感谢信

老师教书育人，值得每个孩子感激。对于内向的孩子来说，虽然他也知道老师的辛苦，却不知道该如何表达。特别是有太多内向的小孩都觉得老师总是特别严厉，他们虽然很尊重老师，但也非常害怕面对老师。他们不敢与老师说话，平常跟老师也总是刻意保持着一定的距离。有些小孩子明明看见了老师却装作没看见，有些小孩子在遇见老师时就赶紧躲开了。其实他们并不知道老师多想和他们一起讨论问题，多想做他们的朋友。作为家长应该让孩子学会主动和老师交流，这对孩子的表达能力和办事能力都是一种锻炼。

在日常生活和学习中，张元哲同学有一个很要好的朋友，那就是他们的语文老师王慧。

之前，张元哲是个不太愿意与别人交流的男生。虽然学习成绩还算不错，但他十分内向，别人跟他说话他都不敢看别人的眼睛。他最害怕的就是上课被点名回答问题，同学们都觉得他很害羞。在他上三年级的时候，他的"好朋友"王老师出现了，当了他的班主任。王老师了解到他的不足之后，上课时总是有意地让他起来回答问题。

张元哲在第一次站起来回答王老师的问题时，紧张得话都快说不出来了，一个劲儿地低头往地上看，不敢看老师。可是老师并没有着急，一直微笑着鼓励他，在他回答完问题后还在全班同学面前表扬了他。慢慢地，张元哲变得不害怕被提问了，而且每次都会很主动地举手要求回答问题。也正是因为这样，他的表达能力得到了很大的提升，口才越来越好，学校的小广播员他也当得游刃有余。

当张元哲在学习上遇到困难时，他就会向王老师寻求帮助，因此他的学习成绩也有了很大的提高。当张元哲在生活中遇到问题时，也会去找王老师。他很喜欢和王老师像朋友一样地相处。

　　学生如果能和老师成为朋友，会有很多好处。首先，跟老师相处融洽了，才会有学习的劲头，上课时才能大胆地回答问题，这样不仅可以提高孩子的学习成绩，也可以提升孩子的说话能力。其次，老师有着相当丰富的生活经验，如果孩子在学校遇到问题，可以及时地向老师寻求帮助。最后，老师有着非常丰富的学识和阅历，随着孩子跟老师相处得越来越亲密，就能从老师那儿学到更多有用的东西，孩子也不会因为害怕老师而表现得内向、胆小，这对孩子的表达能力和为人处世能力也有很大的帮助。

　　牛海燕在四年级的时候担任班里的学习委员，平常不仅和同学关系很好，还经常向老师请教问题。渐渐地，老师对她的印象越来越深刻。

　　在一次和同学的聊天中，牛海燕了解到有好几个同学都很害怕数学老师，觉得数学老师很严厉。于是牛海燕趁着送数学作业的时候，就向数学老师说了这件事情。牛海燕说："老师，我觉得您挺平易近人的，可是班里有同学说觉得您有点儿严厉。"数学老师听后好像感觉到了什么。

　　在后来的数学课上，数学老师连讲课都带着笑容，时常会讲点小笑话逗大家开心，课堂上总能听到大家此起彼伏的欢笑声。许多曾经很害怕数学老师的同学也不再害怕，并且遇到难题时会很主动地去请教，他们的数学成绩也越来越好。

　　其实，如果学生和老师能成为朋友，老师就可以很容易地了解到学生内心的想法，根据学生的想法再对自己的讲课方式进行改善，使学生很轻松地学到知识，这对学生是有极大的益处的。当学生与老师相处得十分融洽，在课堂上表现得积极踊跃，与老师的关系十分友好时，学习其实也没有想象的那么无趣。

作为父母，要支持孩子和老师做朋友，这样孩子不仅可以在遇到难题时及时地向老师请教，还能提升与年长的人交流的能力，在以后步入社会工作时，就更容易和领导亲近，也会懂得如何跟领导交流，遇到困难的时候，还可以寻求领导的帮助。

爸爸妈妈可以让孩子试试下面的方法和老师做个朋友：

（1）尊重老师。老师作为学生的长辈，应该得到学生的尊重和爱戴，学生对老师应该有最起码的礼貌。

（2）理解老师。如果孩子需要老师的帮助，而老师没能帮到孩子，要让孩子站在老师的角度替老师想一想，理解老师。这样的孩子才能讨老师的喜爱，也会更轻松地得到老师的帮忙。

（3）靠近老师。之所以不敢亲近老师，主要原因是孩子和老师的交流不多，不熟悉老师。可以让孩子把老师当成朋友一样相处，大方地与老师交谈，积极帮着老师做一些自己能做到的事情，慢慢地会发现和老师做朋友并没有那么难。

（4）关心老师。应该多体贴老师，关心老师，主动帮助老师。

如果孩子能做到这些，老师肯定十分愿意和他做朋友，在他遇到困难时老师也会非常愿意帮助他。这样孩子的表达能力和办事能力肯定会越来越强。

邀请小伙伴一起度周末

所有的父母都想让自己的孩子有很多的朋友。可是现在许多的城市家庭只有一个孩子，住在一栋楼里的邻居也都几乎不来往，要是亲朋好友家里没有差不多年龄的孩子，孩子的朋友就会更少。这样对于孩子的成长，特别是性格内向的孩子，是非常不利的。因此，在节假日期间，父母应该让孩子把小朋友或同学请到家里来玩，通过对小朋友的款待，让别的小朋友喜欢自己的孩子，让他们的关系更加友好，从而使孩子越来越活泼开朗，乐于交友。

林林是常先生的儿子，现在上幼儿园的中班，他不是很愿意和别的小孩子一块儿玩耍。常先生想让自己的儿子融入到小伙伴中间，可算是煞费苦心，常常让同事或朋友带着自己的小孩来他们家做客，也会让林林找别的小朋友来家里玩。

如果林林比来做客的小孩年龄大，常先生就会表扬他聪明伶俐、健康强壮，让林林像大哥哥一样对待来做客的小朋友，把零食和玩具主动让给他们。如果林林比来做客的小孩年龄小，常先生就会让林林嘴甜一点儿，对哥哥姐姐讲礼貌。慢慢地，林林在无形中就学会了与大家相处，学会了礼貌和分享，小朋友都愿意和他玩，他的朋友越来越多。

有一次林林去学校忘了带画笔，有个小朋友很主动地借了一支给他，这让林林很开心。

假如孩子比较腼腆，家长可以支持他请些别的小朋友来家里做客，毕竟孩子在自己家里不会那么拘束，也不会那么放不开。作为家长，可以为孩子们备好零食和玩具，教孩子做一个懂事的小孩，这样别人才愿意和他一块儿玩。

假使孩子把小朋友请到家里做客，而且次次都十分高兴，那么孩子就会觉得交朋友是件很愉快的事情。孩子肯定也很乐意和别人做朋友，朋友也就会变得越来越多。

严美玲的小儿子是一个比较羞涩的男孩，为了儿子能交到朋友，严美玲想尽了办法，她常常会关切地问儿子近来有没有新的朋友。儿子还在幼儿园上学的时候，严美玲就总是让隔壁家的小朋友来家里做客，而且还让儿子把玩具拿出来和大家一块儿玩。要是隔壁家孩子在外面玩，她就会让儿子主动去找他们玩，儿子一旦跟他们玩到一起，她就让儿子把他们领到家里来玩。为了让儿子得到更多小朋友的喜欢，严美玲买了许多好玩的玩具。

当儿子慢慢地长大，严美玲为了让孩子自信起来，想尽办法激发孩子在很多方面的兴趣。儿子很小的时候就开始使用电脑，在班上称得上是电脑方面的小专家，她让儿子把班上一些同样喜欢电脑的朋友请到家里来，一起讨论有关这方面的知识。为了支持儿子做一个善于交际的人，她不惜花钱给家里装了四台能同时上网的电脑，一到假日，儿子就会找班里或小区里同样喜欢玩电脑的孩子来家里一块儿玩。在老师遇到一些关于电脑方面的困难时，严美玲十分支持儿子主动地帮助老师。

可能是因为严美玲对儿子的朋友像对自己的朋友一样，儿子也学着妈妈的样子热情地招待来自己家的朋友。所以很多孩子都愿意和他在一起玩耍，他自己也很高兴，慢慢地活泼起来，越来越自信，学习成绩也有了很大的提高，严美玲夫妇很是满意。

想让孩子拥有更多的朋友，作为家长先得学会怎样和孩子成为朋友，让孩子从自己的举止中学到一些选择朋友的方法。孩子没有朋友，在很大程度上家长应该反思反思自己，想想自己是不是平常没有站在孩子的角度考虑，是不是对孩子的朋友招待得不够热情周到，还没做到让孩子满意。要是确实如此，那家长就该考虑要做孩子的第一个朋友，让孩子觉得和别人做朋友其实是很容易的，能有一个志同道合的知己，其实是件极其快乐的事情。

家长对待孩子的朋友应该像对自己的朋友一样，当他们来家里做客时，要热情地款待他们。所以，爸爸妈妈应该放下自己家长的架子，多和小朋友们一起玩耍，一起做游戏。如果小朋友们觉得你很亲和，那么他们就会常常来你们家里做客，和你家的孩子玩。

随着交到的朋友越来越多，孩子肯定也会越来越开朗，越来越自信。父母再也不用为他的内向害羞和不善交际发愁啦。

🩶 鼓励孩子上前向陌生人求助

不管是小白兔与大灰狼的故事，还是常见的拐卖人口案件，只要关乎孩子的安危，父母们都很重视。现在的城市家庭大多只有一个孩子，都很宝贝，所以如何确保孩子的安全，成为大家争相讨论的事情。

"不要和陌生人说话"这句话在现代社会成了流行语。有些父母会这样教育孩子，告诉他们陌生人都不是好人，会把他们拐走。其实父母的这种教育对孩子的发展是不好的，会造成孩子没有胆量和不认识的人说话，特别是内向的孩子，可能见到陌生人都会害怕。因此有的孩子不认识路，宁可走错，也不敢向路人打听。

其实陌生人和坏人并不是同一个概念。父母不应该限制孩子和陌生人说话，而是应该鼓励他们和陌生人说话。孩子和陌生人交流这件事情会发生在他们成长的各个阶段，这样做有利于锻炼他们的胆量和与人交流的能力，还能提高他们的自信心。孩子有了这样的经历之后，也能学会判断是非和好人坏人。综上所述，父母应该支持孩子和陌生人交流，和陌生人做朋友，这样做可以让孩子的交友圈变得更广。

刘丽梅有一个女儿叫甜甜。某年国庆假期，她和老公带女儿去公园玩。他们在公园里走着，突然甜甜的目光被不远处的新娘子吸引了，她大声呼喊了起来。刘丽梅和老公顺着女儿的指引看到了一群正在拍婚纱照的新婚夫妇。甜甜很感兴趣，拽着爸爸妈妈的手要去看热闹。她看到了摄影师在拍照，那些新婚的人面带微笑，在耀眼的阳光下摆着不同的造型。

甜甜看了很长时间，当刘丽梅说要走的时候，她还想再看看。刘丽梅突然觉得可以利用这个机会让甜甜和陌生人交流一下，她告诉甜甜，如果想和新娘一起拍照，就自己去征求人家的意见。甜甜很兴奋，但是有点儿害怕，毕竟是陌生人。

刘丽梅的老公觉察出女儿的意思，就尝试着问女儿是不是想拿那束花来拍照，并告诉女儿想的话就去和新娘借来拍照。甜甜转头向妈妈求救，刘丽梅告诉甜甜，要自己去借。

甜甜在父母的支持和鼓励下，去向那位新娘借花，她很有礼貌地夸赞了新娘漂亮，赢得了新娘的喜爱，最终顺利地借到了花，还和新娘拍了照。

另一个小朋友蔡宏伟，人小鬼大，他5岁半的时候就能和陌生人打交道，和同龄的小朋友们相处更是不在话下。蔡宏伟在坐公交车期间，对周围人的东西好奇时，他就会有礼貌地询问人家东西是在哪里买的，并且告诉对方，如果他知道了就可以让妈妈去买。一般遇到这样的孩子，大人都很乐意回答他的问题。有的人还会让蔡宏伟摸摸这个东西。遇到不是什么贵重的东西时，蔡宏伟也是可以玩上一玩的。

刚满5岁半的蔡宏伟就能拿着钱去买东西吃，所以他的妈妈一点儿都不担心他。现在蔡宏伟和妈妈一起逛超市的时候，他妈妈就不把他当小孩子看待，会让他参与选购和结账。不过，蔡宏伟的妈妈还是叮嘱他不要乱吃不认识的人给的东西，也不能和不认识的人离开。蔡宏伟的妈妈常常加班不能准时来接他放学，因此他总是比别的同学回家晚。等到他妈妈来接他回家时，他总是会很骄傲地告诉妈妈，他没有跟不认识的人离开。

父母要从孩子小的时候就教会他如何和陌生人打交道，因为总有一天孩子会长大成人，进入社会。父母不能因为担心孩子的安全问题就不让他们和陌生人交流。孩子需要各方面发展，不能把他们局限在很小的圈子里。

假如父母一直告诫孩子"不许和陌生人讲话"，时间长了，孩子就会觉得陌生人都是危险的，在他们面前要么沉默，要么紧张，说话口吃。当孩子需要和不认识的人交流时，他们反而说不了话，容易造成危险。

下面举些例子来说明：如果孩子走错路了，他们不会寻求路人的帮忙；如果有时自己不方便拾起掉了的东西，他们也不会向不认识的人求助。诸如此类的情况还有很多。

在未来，孩子进入社会之后，面对的大多是陌生人。父母们应该支持孩子和不认识的人交流。孩子多和陌生人交流会提高他们的交际能力，这样的话，他们在遇到困难时就会主动向陌生人求助。

为了让孩子可以主动地向陌生人寻求帮助，家长必须鼓励孩子和陌生人说话，学会和陌生人交往，当然，这些交流都是在确保孩子安全的情况下进行的。在这种情况下，我们该怎样教孩子科学地向陌生人寻求帮助呢？

首先，家长要把握机会，支持孩子向陌生人寻求帮助。刚开始的时候，可以让孩子向亲戚朋友求教，不管孩子问的问题是不是家长们早就知道的。

其次，家长要教会孩子在寻求帮助时应该用的说话语气。在现代社会，有很多孩子是用命令的语气向大人求助的，虽然大部分大人是不介意的，但是，孩子成年后还是这样向别人求助，还有谁愿意帮他？归根结底，孩子的语气是学家长的，所以家长要给孩子做个好榜样，说话语气要委婉。

最后，家长要教会孩子在别人帮忙之后真心诚意地对别人道谢。没有人愿意再次帮助一个不会道谢的人。现在流行感恩教育，如果每个孩子在获得帮助后都能真诚地道声谢，那么被求助的人也会对孩子留下好印象。

第六章

探索的快乐
——为孩子做科学殿堂的领路人

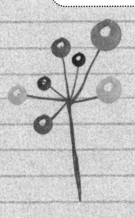

一、理论篇：好奇心和理性思维的培养

这里要纠正一个常见的误区：内向的孩子不如外向的孩子快乐。前文在分析内向孩子类型的时候就提到过，很多孩子之所以表现得内向，是因为他们专心投入到自己充满奇思妙想的小世界里，他们在探索和想象的过程中非常快乐。所以家长们在为孩子的性格内向担心的时候，不妨从好奇心这一点去观察和培养孩子，发挥孩子的特长，让孩子发自内心地快乐起来。

内向孩子比外向孩子显得安静，不爱参与讨论、发表观点。很多家长会做出错误的判断，认为内向孩子对问题不感兴趣，不爱思考。其实很多内向孩子比外向孩子的分析思维能力更强，沉默的时候，他们小脑瓜里思考的东西可多呢。

从古到今，那些鼎鼎有名的科学天才，有几个是特别外向的呢？著名的科学家爱因斯坦的成长故事就告诉我们：有些人虽然很内向，不善于交际，但是他们的思维能力很正常，甚至还有着大智慧。性格内向的爱因斯坦正是凭借迥异于常人的思维，开创了物理学的新领域，成为举世闻名的科学家。

我们过去教育内向的孩子，遇到问题的时候，很少站在孩子的角度去看待问题，通常以成年人的眼光来看待和分析，认为小孩子活泼、可爱、调皮、合群才正常，其他的性格表现都被认定为内向、孤僻。其实这是很片面的。

有的孩子比较安静，但非常喜欢思考，喜欢问为什么，而并不喜欢所谓的游戏，这种孩子的性格比较理性，将来可能比较适合学理科，从事科研教育类工作，搞技术研究。有的孩子比较好动，喜欢游戏，善于交朋友，他们一般在学校是老师的宠儿，在小朋友中是大家围着转的活宝，这种孩子性格活泼、外向、敢于出头，善于交际和表达，将来可能适合学文科，从事人文科学类工作，或者搞社会科学研究，也很可能往演艺方面发展。当然，还有一类孩子，他们是真正的胆小、怯懦，遇到这样的孩子，需要我们耐心地教育和引导，从细微处观察他们的兴趣爱好，这是最好的情感突破口。

所有孩子都对他们才接触不久的环境满怀新奇。作为家长，最重要的是发现、挖掘那份珍贵的新奇感。学会了解孩子是家长应该具备的一种能力：自己的孩子拥有哪些特点，他对什么东西特别感兴趣，他拥有哪方面的潜能……这些都需要家长们从生活的点点滴滴里去观察和发现。

好奇心是宝贝们学会创造的外在表现，很多天才的创造大都来自心中的那份新奇感。宝贝们经常会对着新鲜的事物问问这个是什么，那个又是什么，也许这些东西在大人看来早就是见怪不怪的了，但是，家长们可不要小瞧了宝贝们的那些问题，因为在这其中经常蕴含着无法预料的潜能。

宝贝们的好奇心是促进他们智力提升的动力。他们会由于新奇，不停地接近新的东西而变得有智慧，会由于不怕挑战新事物而慢慢不再害羞胆怯。有的家长想要培育一个听话的宝宝，就去抹杀他们的新奇感，绑住他们的手脚，最后却觉得孩子依旧不听话，而他的好奇心也不见了。

　　1847年，爱迪生出生在美国中西部的俄亥俄州一个名叫米兰的小镇上，爸爸是荷兰人的后代，妈妈以前教过小学，祖辈来自苏格兰。

　　爱迪生小时候就很喜欢问"为什么"，对不知道的问题喜欢打破砂锅问到底。有一天老师教个位数的加法，学生都在认真听老师讲课，爱迪生忽然举起手来问老师："为什么二加二是等于四？"问得老师一下子无言以对，不知如何是好。爸爸也经常让他问得说不出话，只能拍拍他的头说："去，去问你妈！"他的那些古怪的问题只有妈妈可以回答。

　　有一次，妈妈正在做饭，爱迪生像是发现了什么惊天秘密似的跑了进来，瞪着双眼问："妈妈，我们家的那只母鸡好怪哦，它为什么坐在鸡蛋上面呢？"妈妈轻轻地笑了几声，停下手里的事情，仔细地告诉爱迪生："母鸡那是在孵它的宝贝们呢！它把鸡蛋放在屁股下面孵热后，它的宝贝们就会爬出来了。你看我们家的那些可爱的鸡仔，它们都是被母鸡那样坐着孵出来的哦！"小爱迪生听了，感觉真新奇。他认真思考了一会儿，抬起头接着问道："是不是在屁股下面把蛋焐热就会有小鸡出来？""是啊，这样就能出来！"妈妈笑着点了点头。妈妈做好饭后叫小爱迪生，却发现他不知道去哪儿了，怎么都找不到，于是着急了，大声地喊着爱迪生。这时，他回应的声音好像从库房那里传了过来。妈妈感觉非常惊讶，就走去那里看看，没想到儿子竟然在那里搭了个"窝"，还放上了很多鸡蛋，而他正一动不动地坐在上面。妈妈惊讶极了，问道："你这是做什么啊？"爱迪生回答说："妈妈，不是你说的这样可以孵出小鸡吗？"

在学校，总是问为什么的爱迪生常常让老师觉得很懊恼，所以老师总是责骂他，有时还打他。爱迪生觉得不开心，成绩总是提不上去。老师叫来了他的妈妈，当着她的面责骂爱迪生："他脑子太不好使了，成绩差得简直不能看，还一直喜欢问那些不切实际的问题。像你儿子这样的学生我们没办法教。"妈妈听了老师的话，感觉他们不了解儿子。她明白，常发问是因为儿子善于思考，好奇心强，求知欲望。她觉得儿子的智商是正常的，可能比别的小孩还要高。于是，她坚决地对老师说："既然如此，我就不把他放在你们这儿了，我自己带回家教！"老师被她的话吓得呆住了，他怎么都没法理解这个"特别"的孩子以及这个"特别"的妈妈。

此后，爱迪生的妈妈就成了他的家庭老师。对于爱迪生不断的奇怪问题，只要是她清楚的，她都尽力回答；回答不了的，她就叫儿子自己去书上找答案。当她发觉爱迪生很喜欢物理和化学后，就为他买了《派克科学读本》这本书。她还劝爱迪生的爸爸将家中的小阁楼改建成小的实验室。

就这样，在妈妈的耐心教导之下，爱迪生尽管没上过几年学，但是发明了很多影响世界的事物，促进了全人类的进步。

爱迪生的学历非常低，却做出了这么大的贡献，就因为他一直保有很多人丢弃了的好奇心，具有无限精力和敢于挑战的精神。

生活中，像爱迪生这样热爱问"为什么"的孩子有很多，他们的小脑袋里装着许多问题。很多人都对他们那些不着边际、莫名其妙的想法不加理解，或者是直接给予否定。爱迪生的妈妈不是这样，她很认真仔细地回答儿子的所有"为什么"，这促进了孩子的想象力、思考能力的发展，让孩子旺盛的求知欲和对事物的新奇感没有泯灭，自幼时起就养成了喜欢思考、敢于探索的习惯。爱迪生对社会的贡献就是最有力的证明。假如你被孩子问"为什么星星在晚上才出来""地球为什么是圆形而不是正方形"这些问题时，不要觉得脑子发涨，更不要觉得烦躁，多点耐心，多点认真，有时还要鼓励他们多问"为什么"，说不定下一个创造家、科学家就是你的宝贝。

苏联教育家苏霍姆林斯基就说过："在孩子的内心深处，都蕴含着一种本能的需要，就是期盼自己是一个发现者、探索者和成功的人。"我国知名教育家陈鹤琴也说过："新鲜感是儿童获取知识的最为重要的一条路径。"

旺盛的新鲜感能促使孩子对学习产生兴趣。孩子有了兴趣，才会从学习中获得愉悦，才可能喜欢学习，并自主学习。

生活里也是这样，假如你的宝贝对一件事物表现出很强的好奇心，而且打算去试着研究，实则是损坏它的时候，你应该如何做呢？许多家长更在乎东西，大都要求孩子不要顽皮捣蛋，这样的思想是在抹杀孩子的探索意识。

儿童总是会对大人们习以为常的事物展现出浓厚的兴趣。好奇心是儿童的本能，是蕴含着无法预料的潜力，是勇于了解新知、勇于发明的动力，是获取知识的关键。

二、方法篇

既然我们了解了儿童天生就具有旺盛的新鲜感和求知欲，那父母们应该如何保护和培养他们这种美妙的天性呢?

鼓励孩子勇于发问

假如宝贝对汽车着迷,你可以让他玩模型,或者给他一些汽车方面的图画书。宝贝着迷于一件事物时,家长不要苦恼,试着训练和获取宝贝的兴趣点,让他多接触感兴趣的事物,并且给他足够的时间去探究和发现。

1. 激励宝贝仔细观察生活,勇敢地问"为什么"

平常的生活里,很多新鲜的东西会引起宝贝们的注意。家长可以训练宝贝从小细节里获得启示,引导他们进一步思考,而且激励他们主动发掘问题。

2. 经常和宝贝探讨"为什么",尊重他们的想法

家长可以在和他们闲聊时,把内容丰富一些,转到对相关问题的探讨,探讨的话题必须是他们爱好的。在探讨时,不要将自己的想法强加给他们。

3. 让宝贝自己探索"为什么"

有的家长只知道增加宝贝的知识量,耐心细致地回答每一个"为什么",导致孩子没有自己动脑思考。家长应该鼓励孩子自己动脑子思考,查找相应书本和资料,自己找寻"为什么"。

4. 常常和宝贝们去户外玩乐

家长可以和宝贝们经常去游乐园、动物园等地方,户外的玩乐更容易激发他们的新鲜感,是训练他们探索精神的好地方。

爱因斯坦曾说:"获取知识要善于一而再再而三地思考。"我国数学家华罗庚也对思考做过精辟的阐述："自主思维能力是研究科学以及发明创造所必需的才能。历史上不管哪一个相当重要的学科中的发明创造，都离不开创造发明它的人自主地、深刻地分析问题。"

来自美国的心理学专家布鲁姆针对儿童至成年人的智商发展情况做了跟踪研究，其结果表明：刚出生至4岁的孩子的智商发展情况，基本上能决定他18岁以前的智商最高值。也就是说，从刚出生到4岁这段时间里，智商呈明显上升趋势的孩子，将来智商发展也会是这个速度，一直到18岁的时候达到最高峰；相反，上升趋势不明显的孩子，到18岁时水平依旧较低。在智商发展情况里，起决定作用的是孩子受到鼓励的强度，而对孩子智商发展影响最大的人，是他的妈妈。

对孩子的智力发育发掘得越好，他的智商就越高，在这方面要求妈妈担当更多的责任。所有的妈妈都应该有"教育责任担当者"的意识，尽可能地为孩子多营造思考机会，有目标地创建智力环境，让孩子的智力得到良好的发展。

为了让孩子习惯时常思考"为什么"，和他们说"宝贝你觉得呢""好好想想"前，首先得让他们明白思考的重要性。孩子只有自主地发问和思考，才有可能产生探索的热情。家长强制执行，会让孩子忘却思考的重要意义。

所有喜欢思考的孩子，求知欲越旺盛，学习能力和创新能力就越强。而思考来自好奇，孩子们皆有一颗好奇心，爱问"为什么"是他们的本能，面对他们提出的问题，家长都应该高兴和予以鼓励。

圆珠笔刚被创造出来的时候，大家总是没法处理一个问题，即圆珠笔被使用到一定阶段，笔尖那个地方就会磨损得厉害，导致漏出的油墨弄脏纸面。这个问题最终却是由一个小孩子不经意的一句话解决的。他单纯地说："害怕油墨漏出来，就别等到它自己漏出来啊。"生产商由这句单纯的话而豁然明白：与其探究如何防止笔尖磨损，不如直接将笔芯做得短小一些、油墨少一些，这样在笔尖磨损程度轻的时候笔芯里就没有油墨了，只要将笔芯替换掉就能接着书写了。

孩子的思索常常有无法预料的价值，因为尽管他们经验很少，但是他们的思维是发散自由的，往往比成年人的要活跃得多。

♥鼓励孩子亲近知识

美国第16届总统林肯颁布《解放黑奴宣言》，美国的奴隶制度在他手上彻底消亡了，他舍身追求民主自由的精神一直回荡在美国人民的心里，他也得到了世界各国人民的景仰。由于拥有锐利的洞察力及浓厚的人道主义精神，他成为美国历史上最为人所敬仰的总统之一。

家境贫穷的林肯，在学校只上了不到一年的学，这对他而言是一个无情的打击。幸运的是继母对他很不错，经常勉励他阅读、学习。因为这位坚毅无私，非常体贴的高尚妈妈的支持及帮助，再加上自己勤奋自学和不断地努力，林肯最终收获了渊博的学识，养成了坚强的品格，造就了一番功绩。

林肯9岁的时候，他的妈妈过世了。过了一年的时间，一个漂亮和蔼的女人来到了林肯家里，她就是林肯的爸爸新娶的妻子萨拉。

自从萨拉来到这个家后，小林肯就再也不用干家务活了，他用来读书的时间就更多了。继母发现，小林肯有着强烈的求知欲。他常常躺在地板上借着昏暗的灯光看那些有趣的故事。《圣经》《天路历程》《鲁滨孙漂流记》《伊索寓言》《一千零一夜》，家里仅存的这些书，他翻了一遍又一遍。爸爸无法理解小林肯的做法，然而继母却对此相当理解和支持。她觉得在他读书的时候不要烦扰他，直到他自己停下为止；她还给他钉了一个属于他的书架；另外，她还鼓动他做一个小火炉，如此他就能就着火光读书了。

见林肯这么喜欢读书，继母为他找来很多的书。林肯在11岁生日那天获得了一个惊喜——一本他期待很久的《英语缀字课本》。这些书让他高兴坏了，他满心欢喜地遨游在书海中。

1823年深秋的一天，林肯心怀不安地对继母说："妈妈，别人说，阿泽尔·多西要建立一所学校。我好希望也能去上学。"继母很开心，她决心支持林肯。在她的劝说下，林肯的爸爸终于答应了他上学的请求。这对于林肯最后成就伟业起到了关键性的作用。

对于孩子的成长来说，身体和心灵就像鸟的翅膀一样缺一不可。知识，是父母给予孩子的另外一种营养全面的"乳汁"，它让孩子的心灵健康成长。有的妈妈可能知识不多，才华平庸，有的家庭也许钱财匮乏，境遇窘迫，就像林肯的家境，然而尽最大可能地启发和鼓励子女读书，学习知识，完善灵魂，也一样可以成就伟人。教育专家说过："许多孩子喜欢读书，具备旺盛的求知欲和无穷的学习欲，他们的大脑拥有令人惊叹的容量。"林肯的继母也说过："与其留给孩子们数百亩土地，不如留下一本《圣经》给他们。"这位高尚的妈妈深知，读书可以消弭庸俗和浅薄，书本能将人带往一个宽大广博、内涵丰富的地方。

培养孩子的阅读兴趣，选择适合的图书

阅读除了可以让孩子内心愉悦、获取知识及信息，还能开发他们的想象力和创造力，训练他们对事物的审美意识。借助阅读更重要的是，可以让孩子探究自身，了解外面的世界。

齐齐现在4岁，他的好奇心非常强烈，对什么都觉得新鲜，不管走到哪里，都想要这儿摸两下那儿瞧上两眼，随后就问人："这是什么？""为什么会这样呢？"他每天都有上千个问题，妈妈经常不胜其烦地说："问什么问，真麻烦！"齐齐总是紧追其后问道："妈妈，什么是麻烦？"妈妈被他问得哭也不是，笑也不是。这种旺盛的求知欲，促使着齐齐想要学习更多的东西。

有一次，在公园里，齐齐还是和平常一样，这里瞧瞧那里摸摸，向妈妈提了很多莫名其妙的问题："妈妈，蚂蚁的家是什么样啊？""小鸟站在电线上为什么不会被电到呢？""恐龙真的消失了吗？""树叶为什么要从树上掉下来呢？"

针对齐齐的问题，妈妈索性给齐齐买了不少少儿科普方面的书，她对齐齐说："你问的这些问题书本都会告诉你答案噢。"

齐齐很快迷恋上了书本里的世界，他一边看着画册，一边叫妈妈解释，并开始了读书认字。之后，他不管在外面瞧见了什么，听说了什么，都让妈妈帮他找相关的书籍，不知不觉中，他认识的字越来越多，也越来越喜欢读书。他身边的人都夸他是个爱学习、知识丰富的孩子。

　　齐齐妈妈选书都是有针对性的，所以取得了良好的效果。那么，广大家长应该如何选择适合孩子的图书呢？

　　（1）符合孩子的认知水平。每个年龄区间的孩子有相应的认知能力，阅读的书籍要依据孩子的学习能力来选择。假如孩子非常热爱阅读，也可以选择适当高于孩子本身水平的书。相反，假如孩子讨厌阅读，那就可以给他找稍微低于他本身水平的书籍。

　　（2）挑选孩子爱好的书籍。鼓励孩子自己挑选书籍，和他们探讨哪些是适宜他们阅读的书籍，哪些是他们个人特别喜欢的书籍，并用这个作为标准挑选阅读的书籍，让孩子拥有适当挑选的权利。

　　（3）营造良好的读书环境。在家里，让孩子拥有自己的小书架，让他们处理自己的书。孩子读书时，请尽可能地保持安静。

　　（4）常常和孩子沟通。和年纪小的孩子一起读书、编故事，与年纪大的孩子一起探讨及沟通读书的感想。假如孩子在读书的时候发问，尽可能地告诉他问题的答案。

　　（5）鼓励孩子运用读物里的知识。父母在家里最好准备一些少儿百科全书类的科普书籍，拓宽孩子的知识面，开发孩子的逻辑思维能力，最大程度地引导孩子养成勤动脑爱思考的好习惯。家长要鼓励孩子在实际生活中运用这些读物里的知识，运用这些知识不但可以增强孩子的阅读爱好，还可以加强孩子的自信心以及训练孩子合理思考、理性判断的能力。

小游戏里有大智慧

　　人一生中最为重要的阶段即是幼儿期。一个人的性格脾气、语言能力、组织能力、创造能力等都是形成于这一阶段。而这些特质的养成往往都是从家长与孩子玩少儿智慧游戏开始的。游戏的过程不仅能够树立孩子的自信心，还能够培养孩子的耐心，而且孩子的发散性思维及创新思维都能够经过游戏而得到训练。假如您希望您的宝贝更外向聪慧，就赶紧来学习下怎样让孩子更尽情地玩乐吧！

对于促进孩子的智力发育，游戏拥有五大作用：

1. 游戏能帮助孩子敏捷分析判断能力的养成

孩子在玩游戏时经常需要适时做出分析判断，这种分析判断方式非常自然活跃。孩子在快乐中无意识间就培养了灵敏的思考分析能力。

2. 游戏里快乐愉悦活跃的氛围，是孩子自主性、创新精神和思维方式形成的有利环境条件

孩子的快乐情绪是成长发育和健康心理养成的有利环境因素。游戏为孩子提供快乐氛围，而且可以在孩子大脑里留下深刻的记忆痕迹，因此是促进孩子智力发育的积极方式。

3. 游戏能帮助孩子养成积极乐观的心态及奋力达到目标的毅力

但凡有作为的科学家和创造者都有令人惊叹的自信心和毅力。游戏里孩子那种专注、坚持不懈和一定要获得胜利的决心，正是这两种心理素质形成的起点。

了解了游戏的益处和价值，父母就不会觉得游戏是浪费光阴，也不会强迫孩子把空闲时间都拿来学弹琴或学画画。细心的家长还能够从孩子在游戏中的表现来察觉到他们的爱好、特长、梦想等。游戏有时候就像是儿童在内心里构筑的小小王国，他们在游戏里表示了自己无法用语言表达的念头和情感，有时也许还借助游戏去克服目前和过往的复杂的内心困扰。

4.游戏能帮助孩子开发联想和思维能力

一些生动的游戏，比方"躲猫猫""老鹰抓小鸡"等能够开发孩子的应变力和联想力，利用游戏又可以让孩子去思索怎么获胜、为何会失败等。

5.游戏有利于开启孩子对体力和脑力活动的兴致，激起他们的求知欲

孩子在幼年时期大都利用一些游戏去慢慢感受和认知世界。天才的秘诀就是拥有旺盛的兴趣和无穷的热情，游戏正好给天才的长成增添了一份力量。

综上，假如父母期盼自己的宝贝越玩越聪慧，越玩越开朗，就要针对游戏的挑选和设计下一些苦功。

下面介绍几种有利于训练儿童思维能力，拓宽儿童知识面的小游戏，供父母们参考。

1. 筷子的神力

思考：

将一支筷子伸入盛着米的杯子里，之后把筷子往上提，筷子能将米和杯子一起提起来吗？

材料：

一个塑料杯，一杯米，一支竹筷子。

操作及结果：

（1）将整个塑料杯都装满米。

（2）用手把杯子中的米使劲往下按紧。

（3）用手将米按住，把筷子从手指缝里插进去。

（4）用手将筷子轻轻提起，杯子和米共同被筷子提起来了。

讲解：

因为杯子里米粒与米粒相互挤压，令杯子中的空气被挤了出来，杯子外部的压力比杯内的压力要大，让筷子和米粒相互紧密结合在一起，因此筷子就可以把装着米的杯子提起来。

2. 瓶子赛跑

思考：

盛放沙子和盛放水的两个相同重量的瓶子从同个高度滚下来，哪个最先到达终点？

材料：

两个大小相同、重量相等的瓶子，质量相等的沙子和水，一块长方形木板，厚书两本。

操作及结果：

（1）将长方形木板和两本厚书搭成一个斜坡。

（2）把水倒进一个瓶子里，往另外一个瓶子里装入沙子。

（3）将两个瓶子置于木板上，在同一初始位置让两个瓶子一起朝下滚动。

（4）盛水的瓶子比盛沙子的瓶子先到达终点。

讲解：

沙子摩擦瓶子内壁的作用力要比水摩擦瓶子内壁的作用力大很多，并且沙子和沙子还会相互摩擦，所以它的下降速度比盛水的瓶子要慢。

创造：

把瓶子里的东西替换一下，再比比吧！

3. 带电的报纸

思考：

不使用胶水、胶布这一系列的黏合剂，就可以让报纸粘在墙上不掉下来。你明白原理吗？

材料：

铅笔一支，报纸一张。

操作及结果：

（1）把报纸展开，将其平铺于墙壁上。

（2）拿铅笔的侧面快速地在报纸上来回移动几下以后，报纸就好像被贴在墙壁上一样无法掉下来。

（3）扯起报纸的一个角，随后放开手，墙壁又将那个被扯起的角给吸了回去。

（4）将报纸缓缓地自墙壁上揭下来，仔细听听静电的声音。

讲解：

（1）来回移动铅笔，令报纸带电。

（2）墙壁将带电的报纸给吸附住了。

（3）当房间里的空气干燥（特别是在冬天），假如你将报纸自墙壁上揭下来，就能听到静电噼啪作响的声音。

创造：

请尝试一下，还有什么东西可以不使用黏合剂，而靠静电被贴在墙壁上。

4. 胡椒粉与盐的分离

思考：

不小心把厨房里的调料胡椒粉和盐混合在了一起，如何分开它们呢？

材料：

胡椒粉、盐、塑料汤勺、小盘子。

操作及结果：

（1）把盐和胡椒粉相互混合在一起。

（2）拿筷子将混合物搅拌均匀。

（3）用塑料汤勺来回在衣服上移动几下后置于盐和胡椒粉的上面。

（4）汤勺首先吸附的是胡椒粉。

讲解：

由于胡椒粉的密度比盐的小，所以胡椒粉最先被静电给吸附住。

创造：

你可以用同样的方法把其他混合的东西给分开吗？

5. 可爱的浮水印

思考：

宣纸上美丽的图画不是用画笔描绘出来的，是如何制作出来的？

材料：

一个水盆，两张宣纸，一根筷子，一根棉花棒，一瓶墨水，大约半盆水。

操作及结果：

（1）将水盆盛上半盆水，将蘸了墨水的筷子轻微地触碰水面，就能够见到墨水在水面上扩散成一个圆形。

（2）将棉花棒在头皮上来回移动两三下。

（3）之后轻触墨水圆形图案的中心处，墨水扩散成一个不太规则的圆形。

讲解：

棉花棒于头皮上来回移动沾上少量油脂，肯定会导致出现水分子相互拉引的情况。

创造：

尝试其他的办法，看看水面上的墨水还能出现什么样的图案。

6. 漂浮的针

思考：

针为什么可以漂浮在水面上呢？

材料：

一碗水，针，镊子，液体清洁剂。

操作及结果：

（1）将杯子盛满清水。

（2）拿一个镊子，轻轻地将一根针置于水面上。

（3）缓缓地把镊子移开，针就会漂浮在水面上。

（4）在水里滴上一滴清洁剂，漂浮的针就会沉入水底。

讲解：

（1）支撑针漂浮在水面上而不沉入水底的是水的表面张力。表面张力是水分子聚集连接在一起形成的。由于一部分的水分子被吸附在一起，分子之间相互挤压，它们之间的作用形成了一层薄膜。而水的表面张力就是这层分子挤压形成的薄膜，它能够支撑住原本会沉入水底的东西。

（2）清洁剂减弱了水的表面张力，针就沉入水底了。

7. 神奇的牙签

思考：

置于水中的牙签，是随着置于水中的方糖移动，还是随着置于水中的香皂移动？

材料：

牙签，一盆清水，香皂，方糖。

操作及结果：

（1）将牙签仔细地置于水面上。

（2）将方糖置于水盆里距离牙签比较远的位置。牙签会朝方糖那个方向游动。

（3）换一盆水，将牙签仔细地置于水面上，再把香皂置于水盆里距离牙签比较近的位置。牙签会朝远离香皂的方向游动。

讲解：

当你将方糖置于水盆的中间时，方糖能够吸收部分水分，因此会有小水流朝方糖的方向流，而置于水中的牙签也就跟着游动。然而，当你将香皂放在水盆里时，水盆边的表面张力非常强，因此会将牙签往外拉。

创造：

假如把糖和香皂替换成其他东西，牙签会朝哪个方向移动呢？

8. 掉不下去的塑料垫板

思考：

装水的杯子上面盖着一块垫板，将杯口向下时，垫板可能掉下来吗？

材料：

两只玻璃杯，水，一块塑料板。

操作及结果：

（1）把两只玻璃杯都盛满水。

（2）拿垫板将玻璃杯杯口给盖严实。

（3）一只手扶住玻璃杯，另外一只手将垫板按住。

（4）拿手扶稳，把玻璃杯杯口倒立过来，让杯口向下。

（5）按住垫板的手慢慢拿开，垫板不会掉下来。

讲解：

垫板严实盖于装水的玻璃杯杯口上，由于杯子外面的空气压力更大，垫板才不会掉下来。

创造：

假如玻璃杯中没有水或者是水不满，垫板又会怎么样？请你尝试一下。

9. 瓶内吹气球

思考：

瓶中吹起的气球，把气球口松开，气球为什么不会变小？

材料：

一只大口玻璃瓶，红色和绿色的吸管各一根，一只气球，一个气筒。

操作及结果：

（1）事先拿改锥把玻璃瓶的瓶盖钻上两个小孔，分别把红色和绿色的吸管插入两个小孔。

（2）将一只气球扎在红色的吸管上。

（3）把玻璃瓶的瓶盖盖好。

（4）在红色吸管那里把气球用气筒吹大。

（5）把红色吸管放开，气球马上变小。

（6）在红吸管那里再次拿气筒把气球吹大。

（7）快速地把两根吸管的管口给捏紧。

（8）松开红色吸管口，气球还保持原来大小。

讲解：

当红色吸管被放开时，因为气球的橡皮膜开始收缩，导致气球也跟着收缩。但是当气球体积变小后，瓶子里其他地方的空气的体积就变大了，而绿色吸管口是被封上的，导致它里面的空气压力减弱到甚至弱于气球内的压力，因此气球就不可能再接着缩小。

10. 能抓住气球的杯子

思考：

你能将一个小杯子轻轻地倒扣于一只气球的球面上，之后将气球吸起来吗？

材料：

气球1～2个，塑料杯1～2个，热水瓶一个，热水少许。

操作及结果：

（1）将气球吹大并且将其出气口绑紧。

（2）在塑料杯中盛上比半杯略多的热水（约70℃）。

（3）将热水倒入杯中20秒钟之后，再把水倒出来。

（4）马上把塑料杯的杯口严密地倒扣于气球之上。

（5）轻轻地提起杯子，发现气球被紧紧地吸在杯子上。

讲解：

（1）直接把塑料杯倒扣于气球上，是不可能把气球吸起来的。

（2）塑料杯用热水处理过，它内部的空气将会慢慢地冷却下来，空气压力减弱，就能够将气球吸起来了。

科学小游戏，能刺激孩子的求知欲，提高他们的动手能力、想象力和逻辑思维能力。所以，父母在宝贝们3~6岁的阶段，可以和他们多玩这种简单有趣的科学小游戏。

♥当一回家庭中的"小小发明家"

很多创造或发现都来自生活中的行为，有时在游戏玩乐里也能够刺激出智慧的灵感。假如你喜爱生活，那么它就可能给你意想不到的奖励。孩子的发明就是例证。

激励、赞同孩子进行发明创造对于他们巩固课内所学知识，增强学习兴趣都非常有帮助。有个中学生发明了可以把饭加热的饭盒，就是利用老师在科学课堂里教的知识，将饭盒设计为含两层外壁，层与层之间加入了生石灰，想要把饭加热时，就把水通过原本预留的小孔灌入放生石灰的空间，生石灰碰到水就会产生热量。这种由搞小发明而激发的学习热情及探索精神对于孩子的成长是大大有益的。

历史上，由孩子们发明出来的新奇事物数不胜数。

1. 溜冰溜出护耳套

1937年12月25日圣诞节的那天，格林·伍德获得了一双期待很久的溜冰鞋。他跑去家旁边小河的冰面上，愉快地溜了起来。可是只过了几分钟，他就觉得耳朵被冻得难受极了，可戴上帽子又热得大汗淋漓。该如何是好呢？结果他在母亲的指点和帮忙下，自己动手做了一副护耳套。尽管护耳套做工不太细致，但相当实用，格林非常兴奋。最后，听到这个消息的小伙伴们都来找他帮忙。自此，格林就同妈妈还有祖母一起做上了护耳套，而且申请了专利，开起了工厂。最后，他因为发明了护耳套而成为百万富翁。

2. 玩耍玩出望远镜

16世纪末，有一个来自荷兰的名叫詹森的眼镜商，可能是受家庭影响，他的两个儿子都和眼镜结下了浓厚的缘分，经常拿着眼镜玩耍。有一天，顽皮的大儿子捣鼓着一根钢管，将一块凹透镜及一块凸透镜分别放在了钢管的两端，随后拿来放在眼睛前看书，却发觉原本像蚂蚁大小的字变得不仅大还特别清楚。小儿子见哥哥看得不亦乐乎，立马就把钢管抢了过去，之后拿它向远处看去，发觉很远的景物好像都被放到了眼前，非常清晰。兄弟俩都觉得特别奇怪，就把这件事和父亲詹森说了。詹森试着拿钢管朝远方观看，发觉和儿子们说的一样，于是他利用同样的原理做出了一架望远镜。后来，闻名于世的科学家伽利略研究制作科学望远镜时就是以它为基础。

3. 乘数乘出简便法

歌丽嘉尽管是一个只有10岁的美国女孩，可是她非常聪明。一天，她正在学习乘法表，发现了任何数乘以5的简单算法：偶数乘以5的结果，是偶数砍半后加"0"，奇数乘以5的结果，是奇数减去"1"后砍半加"5"。比方，8×5，8为偶数，砍半后变为4，后加0，结果为40；7×5，7为奇数，减1变为6，6砍半是3，3的后面加5，结果是35。因为这样的算法简单好用，所以被推广至美国各个学校，广泛运用。

4. 敲木敲出听诊器

1816年，法国巴黎的郊外许多孩子正围着一堆圆木做游戏。里面有个男孩拿大铁锤敲击着木头的一端，另外的孩子将耳朵贴在木头的另外一端听。此时，法国医生勒内·雷奈克刚好给一个得心脏病的贵夫人诊完病后路经这个地方。受好奇心的驱动，他也和那些孩子一样，将耳朵贴在了圆木上。一阵清脆而清晰的敲打声马上传进了他的耳朵。而当他把耳朵远离圆木时，那阵声音立刻就变得微弱模糊了。他一下子就联想到刚刚看诊的情况，因为病妇太过肥胖，常用的叩诊没办法测准确；假如把耳朵径直贴在病人的胸部听诊，又很不方便，这让他觉得非常为难。

木头的敲打声令雷奈克医生深得指点，世界上的首个听诊器就这样诞生了。

5. 木梳做琴变口琴

1821年初春的一个上午，德国乡下一个农家女娃手拿母亲梳头发的木梳，在家门口玩乐，玩着玩着，她玩出了新花样。她找来两张纸片，将它们一上一下地贴于木梳上，之后将它放到嘴边吹了起来，没想到木梳竟然发出了美妙悦耳的声音。

就在这个时候，一位名为布希曼的音乐家路过这里，注意到这种美妙的声音。他走到女孩身边，请她把木梳借给他看看。布希曼认真打量了这个"杰作"后，萌生了制作一种新的乐器的想法。回家后，他参考小女娃的木梳、中国古时候的笙以及罗马的笛子的发声吹奏原则，拿象牙做出了世界上的首把口琴。

综合上面"小小发明家"们的例子，父母应该激励自己的宝贝做生活里的"创造家"，从家里做起，自生活开始，培养孩子自主发明科学创造的能力。父母可以多给孩子讲这些"发明家"幼年的时候善于发现、思考，之后进行创造发明的事情，激励孩子多阅读科普书籍，培养他们自己着手发明创造的良好习惯。

然而，让孩子养成自己动手的能力对于父母而言并不是一件简单的事。有句话说："教学就是一件事情，不是三件事情。我们要在做上教，在做上学。"做，即是要让父母教孩子自己动手去接触、感受、探索生活里无处不在的知识。

1. 模仿性操作实践

开始的时候，孩子对周围的所有事物都怀着新鲜感。他们时常想要帮助父母干些活，觉得这是一件自豪的事情，也总会装出"小大人"的模样，说"我自己来，我可以""妈妈放手，我会"等。这样的情形下，家长们就应该放手，让他们自己来。

当孩子学着父母、模仿父母做事情。家长们可以在一边观察、鼓励，或者在适当的时候给些帮助。比方，父母做饭的时候，可以将孩子叫到厨房里，让他们帮着打鸡蛋、择菜，让孩子看看父母是怎样使用各类家电设备等，时间久了，孩子不但学会了干一般家务，还拥有了一些生存技能。

2. "变废为宝"的操作实践

这个世界上是不存在废品的，所谓的"废品"都是被放错了位置的宝贝。生活里也有许多被当成废品的物件，不如试着让孩子"变废为宝"。例如，让孩子将空易拉罐制作成可爱的笔筒，或者把大塑料雪碧瓶做成漂亮的花篮等。

这不但令孩子体会到两只手的魅力，而且让他们明白了生活中许多废品都是能被开发和利用的。

"变废为宝"，当孩子见到通过自己的两只手，再次获取的宝贝，他们会升起一种成就感，这种成就感让他们去干这些事情的时候会兴致更高、信心更强。

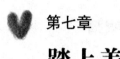

第七章

踏上美的历程
——丰富孩子的精神世界

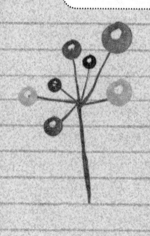

一、理论篇：世上总少一双发现美的眼睛

罗丹说："生活中不是缺少美，而是缺少美的发现。"确实是如此，美是需要发现的，在我们的眼睛看来，不是美少了，而是未曾发现。面对美的事物时，我们更容易心情愉悦，解放天性，敞开心扉，对孩子而言更是如此。

生活里蕴含着非常多的矿藏，我们既为父母，就要善于指引孩子去发觉生活的美丽，要激励他们勇敢地去描写生活，用笔留下生活里的每一份感动，面对生活里的纷纭现象敢于发表自己的看法。父母对孩子在美的教育上，不能仅限于发觉美，还要指引他们发觉躲藏在平凡中的小细节。

既然让孩子拥有一双观察及发觉美的眼睛如此重要，那么父母应该怎么样指引他们学会观察呢？

首先，父母应该抓住孩子的爱好，挑选适宜的观察目标和角度。

指引孩子观察，父母首先要以启示为主，不能将观察设定成一种任务。在观察之前，父母应该明了孩子的爱好，刺激他们的求知欲，为他们创造观察的前提，刺激他们自主观察，养成观察兴趣。

其次，要努力协助孩子熟悉观察的方式。

对于孩子而言，拥有优秀的观察能力，能使他们借此获取更多的经验和知识，另外，对于智力发育也相当重要。协助孩子观察必须遵照一定的方法：

（1）观察开始前，令孩子明白观察的目的。孩子在观察的时候，是否有明确的观察目的，获得的观察结果是不尽相同的。比如说，家长带孩子去公园，没有任何目标地东看西看，逛了很长时间，回家后孩子也说不出些什么见闻或感受。要使孩子带着目标观察，才能令他们经过观察有所收获。比如，父母发觉孩子蹲在地上看蚂蚁，便可以先提示他瞧一瞧是否所有蚂蚁都向一个方向爬，之后再叫他看爬行方向相反的蚂蚁有什么不一样，为什么会有几只蚂蚁挤在一起，一块儿往前爬等。为了指点孩子观察，父母最好是和孩子边看边聊。这样不但能够指点孩子观察，还能够增强孩子的语言表达能力，同时还能够引起孩子的思考。

（2）告诉孩子在观察活动中把多种感觉器官都用上。比如颜色、轮廓、声音、味道等，应该让孩子瞧一瞧，触一触，听一听，嗅一嗅，必要时放进嘴巴里尝一尝，只有如此运用多种感官去亲身体会，才有可能让孩子印象深刻。

（3）开发孩子的想象力。在观看东西的时候，叫孩子边观察边联想，从眼睛面前的事物联想到以前看到的事物，想象事物也许会发生的改变，加深对面前事物的了解。

（4）大自然里充满了美好的情感。父母在指引孩子观察，协助他们获取一些知识的时候，还必须引导他们去体验、观赏大自然的美。比如，对蚂蚁进行观察时，就可以引导孩子关注小蚂蚁懂得遵守纪律，分工合作；观察房檐下鸟妈妈给小鸟喂食时，就可以引导他们明了鸟妈妈养育小鸟的辛苦；观察彩虹、雪花、红花、绿草等，就能引导他们领略自然界缤纷绚烂的美……大自然滋养了人类，人类不能和大自然分开，要从幼年时就给他们的心灵注入这样的思想情感。

（5）父母在平常生活里指引孩子细察周围的各类事物，可以拓展他们的眼界，使他们的知识更为充足，生活更为富足。例如，叫孩子看看家里培育的花草、鱼儿，夜晚带他们看看天上的星星，说说不太复杂的星系。白昼看云，见到云的移动时，说一说"云往东，一场空。云往西，披蓑衣"等优美的古谚，如此不但能够训练他们的观察能力，促使他们多思考，还能让他们从中获得知识，体会观察的趣味。

（6）观察之后，要求孩子用口头语言描述观察的结果。这样就能极大地提高他们观察的自主性，而且还能令他们在观察过程中变得更细致、更认真。父母可以引导宝贝们写观后感，将所见所闻的自然、社会现象记录下来。父母对观后感不能要求过高，应该让孩子自主地写或画出他们的感受，不能强求他们为写观后感而观察，以免变成他们的负担，导致逆反心理的形成。

假如父母做到上述两点，不可太过高兴，因为这仅成功了一半。如今许多父母大都会重视启发孩子去发现生活中的美，然而父母在不知不觉中忘记了一件非常重要的事情，即对孩子有所发现时的鼓励和赞美。

欣赏宝贝们的发现，就要多观察他们，适时关注他们的新发现。当孩子告诉家长自己有新发现的时候，家长必须要像看待重大的事件一样非常热情，分享他们的喜悦，同时给予欣慰的赞赏，鼓励他们认识更多的新鲜事物，探寻生活里无处不在的小秘密。

"是吗？我也来瞧瞧，哇，真的像你说的呢！"

"宝贝真棒，竟然可以看到别人没有看到的东西！"

这些赞美的语言看起来不复杂，然而对孩子敞开心扉去发现美有着非常大的帮助。所有孩子都拥有一双智慧的眼睛，只要家长去欣赏他们、指引他们、鼓励他们，他们就会一直给我们意想不到的小惊喜。

黄太太的儿子在上幼儿园，每天在儿子放学后她都去接他。在回家的途中，她常常会问："宝贝，幼儿园今天发生了什么好玩的事情吗？"

这时，儿子就兴致勃勃地将发生在幼儿园里的事情说给她听。

儿子说完了，黄太太会再问他："那你对这件事情有什么想法呢？"

接着，儿子又会高兴地把小脑瓜里那些古灵精怪的想法一股脑儿地跟她分享。

听儿子说完后，她总是会赞赏他："真了不起，看得相当细致！""嗯，这个想法真棒！"在她不断地指引和赞赏下，儿子渐渐养成了善于观察、热爱思考的好习惯。

孩子常常会在无意间有一些认识，但是假如不加以提点，就可能很快被其丢在脑后而不记得了。特别是读幼儿园或者小学的孩子，他们和社会的接触慢慢多起来，也许会遇到越来越多新鲜的东西和问题。因此家长必须经常提点和询问他们，让他们尽力回忆且把那些认识讲出来。家长要擅长给宝贝们提问题，打开宝贝的话匣子，引导他们多说。这样不但能培养孩子的记忆力和思维能力，更能不知不觉地让孩子在愉快的亲子交流中敞开心扉。

二、方法篇

🖤我们一起去拜访大自然

科学研究表明，孩子在3~7岁这一年龄阶段是记忆力和观察力走向成熟最为重要的阶段，自然界的色彩缤纷为培养这两种能力提供了非常有利的条件。但是，伴随社会快速城市化的进程和传媒科技的高速发展，越来越多的儿童被禁锢在房间里，触摸大自然的机会越来越少，这一点必须引起家长们的高度关注。人来自自然，我们体内流动着大自然的血液，大自然是我们认知的重要源头。家长们应该多带孩子去大自然走走，让大自然开启他们活泼自由的天性。

从唯唯和佳佳刚学会走路起，父母就常常带他们去郊区玩耍。等到他们五六岁的时候，两个小家伙对城郊已经非常熟悉了。

又到了父母打算带他们去游玩的日子，那是一个周末。这一次父母计划去稍远一点儿的地方——距离家有40里路的蝴蝶沟游览。为什么挑选这里呢？是由于蝴蝶沟的蝴蝶非常多，而且花草也非常多，在这个百花繁茂、蝴蝶繁殖的时节，那里肯定特别美。爸爸还有一个考量，即蝴蝶沟是天然未开发的，还蕴藏着非常多的自然界的秘密，他希望在蝴蝶沟被进行人工改造前，让孩子们去增长些见闻。那天天朗气清，他们到达目的地的时候，大概是上午10点，还未爬到头顶的太阳将整个蝴蝶沟染成了一明一暗的两部分：一边的植物颜色明亮，叶片上跳跃着媚惑的春光；另一边的植物被一层薄薄的晨雾覆盖着。自由翩飞的蝴蝶一下子扇动明丽的翅膀在阳光下起舞，一下子又飞入暗影处没入花丛，似乎是两边的"青鸟"。

佳佳热爱花儿，妈妈就和她说："待会儿我们一起去找找家里没有的花，看看我们谁找得更多。"

唯唯喜爱昆虫，爸爸就让他记住它们的种类，而且还提醒他，尽可能不要伤害到小昆虫。

两个孩子欢欣鼓舞地在小斜坡上忙活着，没过多久，唯唯就发现了大秘密。

"爸爸，快来瞧瞧这片树叶，它好像会动呢！"

爸爸走过去一瞧，的确，在一簇比较矮小的花丛里落着一片枯叶，那枯黄色的叶片大小和唯唯的手掌差不多，乍一看去是不动的，但是稍稍多瞧上一会儿，就会发觉它偶尔会轻轻颤动。他心里清楚是怎么回事了，但是他有意和唯唯说："这只是一片落叶，它动可能是因为风吹的缘故吧。"

"不是啊，假如是风吹的，那为什么别的叶子没动呢？"唯唯不赞同爸爸的话，"你看它还是竖起来的，从树上落下的叶子一般都是横着的呢！"

"嗯，真了不起，唯唯看得很细致嘛！"爸爸摸了摸儿子的头，表示夸奖，"你再瞧瞧，它和其他的树叶相比有什么特别？"

"好！"唯唯很开心，他眼睛一动不动地盯着那"树叶"，突然，他大声喊道，"它不是落叶，是只大花蝴蝶！"但是他还没喊完，马上又改口道，"不对不对，它好像还是落叶！"佳佳听到唯唯的喊叫声，也拖着妈妈一起来这边看发生了什么事，可能是她们走过来的动静过大，吓到了那片"树叶"，它突然自中间展开两扇漂亮的大翅膀，从唯唯的头顶飞过，飘飘忽忽地向着太阳飞去，一下子就融入明艳的景色中，变得模糊了。

这次唯唯和佳佳都瞧清楚了，那真是一只美丽的大蝴蝶，它的底色就好像黑天鹅的绒毛一样，上面还镶着红、白、绿三种颜色的花纹，但是它把翅膀收起来的时候，看起来就像一片枯黄的落叶。

"怎么回事呢？怎么大蝴蝶看起来会像落叶呢？"唯唯摇晃着爸爸的手问。

"呵呵，它属于蝴蝶里的一个种类，叫枯叶蝶。"爸爸开心地解释说。

"枯树叶才不漂亮呢，要我就不变落叶，我喜欢两面都美丽的花翅膀！"佳佳说着她的想法。

"宝贝，枯叶蝶就是聪明在这一点上，在必要的时候，变成落叶，能够迷惑敌人，躲过天敌的危害。"爸爸不失时机地告诉宝贝们一些自然知识。那天上午，孩子们玩得特别高兴，唯唯还发现了除枯叶蝶之外的好几种从前没有看到过的小昆虫，佳佳发现的未曾看到过的花那就更多了，她努力把它们记在小脑袋里，打算把自己看到的新事物告诉那些没到过蝴蝶沟的小朋友。准备回家时，爸爸问孩子们："现在的蝴蝶沟与我们来时看到的蝴蝶沟有什么不一样？"

唯唯将整个蝴蝶沟瞧了好几遍，歪着头思索了一会儿，说："蝴蝶沟比我们刚来的时候更明亮了，花儿绽放得更大了；来的时候我觉得有点儿凉凉的，还打了好大的喷嚏，现在头上都热得出汗了。"佳佳眨了眨圆眼睛，伸手触触身边一朵粉色杜鹃的花瓣，说："我还知道，来的时候花儿哭了，流了许多眼泪呢，将我的花衣服边都沾湿了，可这会儿你们看，它们都在笑呢！"妈妈连连夸奖孩子们，他们更开心了，争着道出他们看到的新奇事物，有的发现特别细致，就连父母都未曾发现。

大自然的四季交替、阴晴变换，各种生物的繁荣衰萎，蕴含着数之不尽的奥秘，是人类总也看不完的百科书。让孩子尽早走入自然，爱上自然，可以激起他们的兴趣，促进他们的思考，增加他们对生物之美的了解，在了解大自然的过程里促使他们的身心健康发展。

大自然是孩子最好的上课场所，也是他们最优秀的老师，再多的室内玩乐项目，不管它们的科技成分有多高，都不可能替代大自然的母体作用。

所以，为了更好地利用大自然这个最好的上课场所，父母不可舍不得自己的时间，要常带宝贝们去和大自然亲近，大至原生态的植物公园，小到自己家里的阳台，都是宝贝们与大自然做亲密接触的最佳场所。

♥和孩子一起欣赏星光

相信很多父母都经历过这样的场景：在一个晴朗的晚上，躺在阳台（或屋顶），仰望星空，迷恋于夜幕上的星星。我们还可以尽量联想，关于这些星星的民间传说和神话故事。

昂丝太太看到邻居夏先生带着女儿爬到房顶上，过半小时或者更长时间才下来，她非常羡慕地说："夏先生，你的女儿肯定很快乐，她会为有你这样的爸爸而自豪。可是我的宝贝就没有这些。"怎么回事呢？因为她的老公总是害怕宝贝受到无意的伤害，都快到神经质的地步了。的确，从房顶上不小心掉下来咋办？这是很多父母担忧的问题。

那么可以去山坡上啊，坐在庭院里也不错啊！追根究底，这些怀着奇怪担忧的父母还是怕浪费自己的时间。他们总觉得自己有太多的活要干，因此不想由于带孩子观星星而浪费珍贵的时间。他们又不好意思光明磊落地把自己的缘由说出来，所以就穿上了担心宝贝受伤的外衣。

如何看星星？差不多就那么几种常备的节目，父母应该知道一些有关星星的传说，可以将它们说给宝贝听。另外，我们应该买一张星图给宝贝们看，把那些重要的星座拿各种颜色的笔标明，告诉他们如何把星图里同属一个星座的星星连起来，看看可不可以发觉那些传说是从哪里来的。比如，"大熊星座真的像一头熊吗？""北斗星是如何来的，它和老百姓的生活有啥联系呢？""我们看到的星星非常小，但你清楚它们究竟有多大吗？它们看起来怎么会和一粒尘埃差不多呢？"

挑选一个没有月亮的夜晚去看星星，会获得非常好的效果，因为这会儿的星星最明亮。假如大家居住于市区，可以计划带着孩子去乡村游玩，因为那里有比城市里更安静、纯净、明亮的星空。

假如有月亮，父母可以教给孩子，月亮的亮光尽管把它旁边的星星都掩盖了，但实际上它是不会发光的。尽管我们看到它在天上比星星要大许多倍，但这仅仅是由于它和地球挨得比较近的原因，事实上它远没有那些星星巨大，况且，人类很早就到月亮上去过了。假如孩子有兴趣，你还可以不失时机地告诉他人类是怎么到月亮上去的，去那里旅行花费了多少时间。当然，有流星雨的时候，我们还可以陪着他们一起观看，让他们明白流星雨是如何形成的，顺带陶冶他们的艺术情操。

♥和孩子一起堆雪人，打雪仗

幼年的时候在下雪天里，我们的爸爸妈妈常常将我们赶到雪地上，叫我们试着拿舌头和睫毛去感知雪花，与小朋友们一起堆雪人、打雪仗。现在想起来，我们还会谢谢他们，因为这使我们体会到大自然的伟大，而且拥有了愉快的童年！但是现在我们经常听到有父母这样责骂："外面这么冷，还不去屋里待着，别给冻感冒了。"一双大手把孩子企盼自由和愉快的心灵强行拖回了封闭的地方，那里尽管有空调、暖气片和热乎的毛毯，但是孩子一点儿都不开心。

每个冬季，丽云都会带着孩子去屋外，仰起头，把舌头伸出来闭上双眼，体会雪花冰冷凉爽的滋味，尽情享受大自然美好的恩赐。父母们，你们可知道，来自美国的威尔逊·A.本特利一辈子拍摄了5000张关于雪花的照片，据他探究，雪花没有两片是完全相同的。你会不会把这个情况告诉你的宝贝，让他也有兴致去自己观察一下呢？

♥陪他了解户外的小动物

每年的春夏两季，东泰都会鼓励孩子们去研究毛毛虫，观察那些翩飞于花丛里的蝴蝶。他会叫女儿先给毛毛虫搭好一个舒服的小窝，让它们住在里面，当然，这个小窝可不能放在屋子里，"因为它会没命的，它一定要待在大自然母亲的怀抱里"。女儿非常听话，也非常有创意，寻了个非常洁净的鞋盒，将盒盖掏了个长方形的洞，把透明的玻璃盖在那个洞上，而且在周围钻上小孔，确保毛毛虫的"家"通风条件良好及阳光充裕。她将这个小窝安放在花园的角落，既不会被太阳直射也不会在夜晚感觉太冷的地方。另外，她还在小窝里铺上一些树叶及小枝丫，以防小枝丫枯死，她还在枝丫顶端拿棉线绑了少许沾过水的棉花球。

接下来干些什么呢？东泰给了女儿一些启示：

1. 查阅一下相关的图书，将在培育毛毛虫的过程里也许会出现的问题和它的成长变化过程弄明白。

2. 平常要给毛毛虫喝一些天然的雨水，但是千万不能将水置于它的小窝里，因为它可能会被淹死。要让盒子一直保持干燥，常常替换里面的树叶及棉花球，就像往常清洁自己的屋子一样，替它保护好环境卫生。

3. 一定要将毛毛虫自成长到变为蝴蝶的过程，用日记的形式全部记录下来，包括它变化的细节，还要拍摄照片，置于相册里保存好。

4. 当毛毛虫成为蝴蝶之后，以防它飞走，可以在花园里种些蝴蝶热爱的花草，如蝴蝶草、翠雀花、雏菊、金银花、向日葵、蒲公英以及薰衣草等。如此，蝴蝶不仅不会飞走，还会招来更多和它一样漂亮的小精灵到她营造的美妙家园，和她共同生活。

在东泰的建议下，女儿拥有非常快乐的童年。她空不出时间去迷恋网络及电动玩具，因为她有这么重要的活要干。确实，她在创建一个家园，里面居住着毛毛虫、蝴蝶、美丽的花草，还有各种可能！她期盼越来越多的小动物都住到这里来，还在日记里记录了自己的这个小心愿，让小伙伴和老师都分享她的美梦。

♥为孩子创造在大自然中适当冒险的机会

观赏自然界的各种风光，帮助他感知自然界的美妙。除了这个以外，我们的宝贝还需要适当冒险。家长们不妨帮助孩子获得这样一次难忘的经历。

比方，若你的宝贝3岁了，你可以带他去家里的小院子里野营。假如你家没有小院落，也可以尝试着在室内野营，如厨房、客厅或是阳台，令宝贝体会一次他未曾有过的感觉，防止他步入没有任何变化的生活模式。

当他6岁了，你就能够带着他到离家比较近的小山上试着住一个晚上。当然，我们肯定要确保安全，保证这里是爱好野营的人们常常来的场所，并且这里的动物还对人没有威胁。在计划时，父母可以和其他家长联合起来，共同组队到半山腰或者山麓较平坦的位置开始这项活动。父母要把准备做充足，带上足够的水和食物，还需要准备一些必备药品，如感冒药及能立刻止血的药物。

我国有名的教育家陈鹤琴先生以前这样说过："孩子成长的过程里，应当把大自然、大社会做出发点，让学生直接向大自然、大社会去学习。"自然界以其原生态、趣味、多彩的特征，在不同时节给儿童呈上不一样的"礼物"，而这些美妙的"礼物"，又可以指引他们形成敢于发现、勇于探索的习性，促使他们的身心健康成长。大自然是宝库，里面存放着取之不尽的宝贵"礼物"。让孩子到户外和大自然进行亲密接触，需要孩子和父母一起努力。

♥在音符和色彩中寻求情绪的表达

孩子通常都具有某方面的潜能，可是却被很多家长忽视了。音乐、舞蹈、美术及体育需要天赋，后天素质必须在具备先天条件的情况下才能够得到良好发展。

幼儿时期，家长要注意对孩子潜能的培养，这一时期的潜能培养对于孩子的成长乃至一生都会起到很大的影响。假如你的孩子在婴儿期或者是哺乳期就拥有特殊智能及潜力，可是你却没有发现这一情况，同时也没有对其加以挖掘和培养，这不但将成为你终生的遗憾，对于孩子来说，也是一种无法弥补的伤害。

实际上，一个孩子是否具有特殊智能通常在3岁以下就能够判断出来了。

1. 音乐天赋

那些拥有音乐智能的宝宝在满月以后，便会被各种物体所发出的声音，比如摇铃声、钟摆声等吸引，当他听到音乐声时便会破涕为笑，发音较其他同龄宝宝更早，其手指会较长，尤其是食指及无名指，100天以内便可以发出简单的元音音节，1周岁时就可以集中精力欣赏乐曲了。同时他们还可以对欢乐及悲哀等带有色彩的曲调做出回应，3岁时便可以分清高音、中音及低音三种不同的音域，同时还可以唱歌及自行演奏乐曲，拥有特别强的音乐模仿能力及分辨声音的能力。

2. 跳舞天赋

家长要仔细观察宝宝是否出现了活泼、好动且反应灵敏等特征。此类孩子在力量表现、技巧性、柔韧性及灵活性方面都要比同龄的孩子强。在哺乳期时，他们便出现了翻身早及直立行走较早等特点，尤其是那些拥有舞蹈天赋的宝宝，其脖子、脚、手臂及跟腱都比普通的宝宝长，这就属于非常重要的先天素质。此类孩子还具有很好的模仿性及掌握舞蹈方法的能力。他们对音乐的节奏感掌握得比一般孩子快。那些天生就拥有舞蹈天赋的孩子在3岁时就可以随歌起舞，同时他们还会对电视及电影里所播放的舞蹈节目特别感兴趣，也比较容易受到电视节目的熏陶，听着乐曲便可即兴表演，其掌握的舞蹈语汇也比较多。

3. 美术天赋

细心的家长要观察宝宝有没有出现长时间注视及观看不同色彩物体的情况。具有美术天赋的孩子，在3岁之前便可以分辨出三原色，同时还具有较强的观察力及模仿力，某些宝宝还可以创作出别具一番风味的绘画作品来。

曼曼是个5岁的小姑娘，爸爸妈妈在她4岁时就让她学习画画。那一天，曼曼用彩笔把一个人物的头像画成了浓重的紫色，同时还把作为天空的背景画成了深红色。妈妈看见画后十分生气，大声责骂曼曼："你这画的是什么鬼东西？跟兰兰画的画相比，简直就是一个天上一个地下，兰兰以后肯定可以成为大画家！"爸爸站在一旁接过了话茬："画出这么差的画，给你上美术课的钱都白花了。"曼曼委屈地低下了头，一句话也不说，没多长时间，她便将画纸及画笔都扔到了一旁，再也不画了。

曼曼父母之所以做错了，是由于他们根本就没有弄明白让孩子接触艺术的目的是什么。让孩子接触艺术的目的不是把他们培养成各种各样的"家"，而是凭借艺术教育把孩子培养成为具有健全及高尚品格的人。对于孩子所作的画，胡乱批评，或者是指指点点这样的行为都是不对的。孩子也有其思维方式，他们的艺术能力也要经过一定的发展过程，让他们在年幼的时候就掌握超出他们的能力阶段的高超的绘画技法，或者说用成人的眼光去评价孩子的作品，这样的做法都是错误的，最多也只能把你的孩子培养成模仿的机器。

曾经有一个美术老师，她就带着学生们度过了一个特别有意思的黄昏。

"请大家都不要开灯，一同等待黄昏的来临。你们可以互相聊天，同时也要观察窗外的景色，请将你所看到的一切都记下来。"

刚开始时，孩子们还在那里嬉笑打闹，过了一会儿，大家就都安静了下来。孩子们规规矩矩地坐在屋子里，看着窗外最后一丝晚霞慢慢消失，淡紫色的雾霭在天空中慢慢往上升。教室里的光也一点一点地消失了，可是谁也没有去开灯。黑暗慢慢地蔓延开来，朝孩子们延伸过来，远方的灯火亮了起来，遥远的天边慢慢地开始有星星出现了……

就在黑夜把所有的东西都淹没了的时候，这个老师突然说："现在请把灯打开吧！"孩子们都被吓着了，可是很快他们便欢呼了起来，他们所做的这一个小时的"任务"，让他们学到了很多东西，对他们而言，这样的体验及感受或许终生难忘。

这个美术老师对孩子们所进行的艺术教育可取之处在于：不但满足了孩子们出于本能的对于绘画的渴望，同时还让他们对美的感受和理解能力得到了延伸，最重要的是给他们带来了快乐。要知道，孩子学习艺术最重要的事情便是体验。

现在的很多父母都对孩子进行艺术教育，给孩子报钢琴班、美术班、音乐班，孩子的正常休息时间都被占用了。这样做很可能对孩子萌芽阶段的艺术创造力造成伤害，或者他们自己根本不明白，对孩子进行艺术教育的目的到底是什么。

知名钢琴家鲁宾斯坦的父母对音乐一点儿也不了解。在波兰，当他刚开始学走路时，便对自然界所有的声音都具有很深厚的兴趣，比方说工厂里汽笛的声音、卖东西老头的叫卖声……他不喜欢说话，可是却喜欢唱歌。事实上，他所具有的这种能力慢慢地便转变成了一种游戏。大家都试着用唱歌的方式来跟他交流，同时他也会试着通过曲调去分辨别人。当他3岁时，爸爸妈妈就给哥哥及姐姐买了台钢琴。鲁宾斯坦后来回忆道："客厅就是我的天堂……我在玩耍中弄明白了每个琴键的名字，就算我背对着钢琴，我也可以说出每一个和声的音符，就算是那些最不协调的也是可以的。从此之后，了解那些复杂的琴键便成了我的游戏。在很短的一段时间里，我便可以用一只手，随后用两只手用钢琴演奏一切听到的曲调。"

小鲁宾斯坦所具有的音乐天赋让全家人都感到震惊，可是在他的家庭里，没有一个人了解音乐。他们可以做的便是给小鲁宾斯坦提供一架钢琴及自由玩耍的空间。

鲁宾斯坦的例子告诉大家：家长可以不是艺术家，甚至他们也不需要懂艺术，他们只需给孩子建立一种艺术环境，营造出一种特别深厚的艺术氛围，更要为孩子提供想象的空间，同时满足孩子对于学习的渴望。不了解艺术的家长同样也可以培养出高艺术品质的孩子。

　　魏太太有个刚满3岁的女儿，某一天，她兴奋地告诉同事："我家妞妞以后一定可以成为舞蹈家，她只要一听到音乐就会高兴地手舞足蹈，看她那高兴的样子，她跳得还特别有节奏感呢！"说完这话，她便问同事是否应该给孩子报个舞蹈班。

　　现实社会中，有太多像魏太太这样的家长，当他们发现孩子喜欢跟着音乐跳舞，或者着迷于画画时，就会特别兴奋，觉得孩子具有这方面的艺术潜能，因此也就迫切地希望孩子所具有的这一艺术天赋可以得到进一步的发展。

　　关注孩子的早期教育，注意孩子潜能培养，这本来是一件值得兴奋的事情。可是假如家长不正确地对待孩子的艺术潜能，那就很可能会将其所具有的艺术潜能给扼杀掉。如下三点是家长在培养孩子艺术潜能时，需要注意的问题。

1. 切莫对孩子的艺术潜能简单定位

　　就算孩子会随乐曲起舞，或者是喜欢涂鸦，这也并不代表他所具有的艺术兴趣点就是画画或唱歌。在孩子早期发展之中，兴趣点很可能是多方面的。由于儿童的艺术属于儿童了解世界的一种方法，同时也是孩子了解世界、表达自我的一种方式，所以过早地把孩子的艺术表现定位在某一点上，通常会导致孩子发展不全面，对于大部分孩子而言，他们所具有的某方面艺术倾向表现得并不是特别明显的。

　　大部分孩子的早期艺术天赋的表现形式是多方面的，在其发展的不同时段或许会表现出完全不同的艺术兴趣，这也就是某些家长通常抱怨自己的孩子爱好老是变化的原因。家长应该仔细观察孩子的艺术兴趣点，把孩子的艺术敏感点找出来，再建立与之相应的环境，这样便可以为孩子的艺术潜能发展创造条件。

2. 不要把发展艺术潜能同化为技能技巧的训练

大部分家长都希望自己的孩子可以具有某方面的艺术才能，或者说具有艺术气质，因此他们就会给孩子艺术方面的刺激，以便孩子的艺术潜能可以表现出来。其实这是对孩子潜能不相信的表现。知名思想家弗洛姆曾经说过："诸如艺术天才等这类更特殊的潜能，它们是种子，如果给予适当的发展条件，这些种子就会生长、并有所展现；但如果缺乏条件，它们就会夭折。这些条件中，最重要的一个条件是，对宝宝生活有重大意义的人要信任宝宝的这些潜能。"所以，家长们请不要追求纯粹的技能刺激，以期达到促使孩子艺术潜能发展的目的。

3. 孩子艺术潜能的发展重在艺术的审美体验

某些家长常常会追求孩子艺术成果的体现。比方说会弹几首乐曲，会跳几支舞，等等。还有些家长会过分地要求孩子参加过级考试。这些行为不但会阻碍孩子艺术潜能的发展，同时还会让其丧失对于艺术的兴趣。

培养孩子的艺术潜能最重要的在于培养孩子对于审美要素的感知力。家长们可以有意识地创造环境，把孩子带到大自然中去，让他们感受自然界中的色彩、节奏。试想一下，假如不直接接触美的事物，怎能激发孩子内在的艺术潜力呢？家长要认真对待孩子所具有的艺术潜能，对孩子艺术潜能的培养也不可以盲目跟风，否则可能会导致孩子的艺术幼苗还没有破土而出就过早地枯萎了。

4. 妥善对待孩子的作品

很多家长会说："在孩子特别小时，我便发现他身上具有绘画、音乐及舞蹈的各种潜能，可是当孩子慢慢长大之后，这些天赋也随之慢慢消失了。"事实也是如此，那原因是什么呢？实际上，对于孩子来说，艺术潜能具有一个发展的过程。我们经常会鼓励孩子进行各种各样艺术能力的发挥。这些活动肯定可以让他们的创造力及艺术才能得到提升。可是，当孩子们自信地把他们的劳动成果给家长看时，家长又是怎样去存放他们的作品的呢？这个就属于父母对孩子艺术潜能保护最重要的环节。对于孩子作品的欣赏及鼓励，甚至是简单的保存工作，都属于对孩子艺术潜能的"保存"手段。假如父母对孩子的艺术潜能认识正确，那么孩子的潜能可以长时间地维持下去。与之相反，假如孩子送了一幅作品给父母，而父母只是粗略地看一眼便将其放到一边，时间长了，孩子的作品得不到赞赏，那么他们对于艺术的热情也就会慢慢消失，最后艺术天赋也就消失不见了。

所以，当孩子的作品慢慢增多时，家长们可以尝试一些简单的方法，替孩子的艺术创造建立一个最恰当的"保险箱"。

（1）留下最棒的。你可以跟孩子好好谈谈，对于他所创作出来的作品，制定一个最基础的保留规则：在每一阶段的作品中选择一两件最满意的保存下来，且到年底时，他所保留的最满意作品不能多于五件。

（2）拍照留念。老是去整理及收藏孩子的作品是一件特别麻烦的事情。如果你不想让这些作品占据你房间的太多空间，那么你可以选择把它们拍下来，把这些照片放在相册里，然后再给每一张照片都加上注释及记录。这样就算是某些作品因为空间的原因而找不到了，你还是可以为孩子留下另外一份美丽的回忆！

（3）儿童文件存贮盒。办公室可以存放东西的地方通常会有一个用来装放文件的架子，你可以特别方便地把文件夹放在里面，以利于文件的拿取。相同的道理，你可以为孩子建立一个属于他个人的贮存空间。这样，孩子全部的作品都可以较好地被保存起来，同时孩子还可以从中学到一些与整理相关的技巧。

（4）归于一处。针对那些既不是画在地上，又不是画在墙上的画作来说，最好的储藏工具就是一个容量较大且有盖子的塑料箱子。当然，在选择作品的时候也要有所取舍：假如你想要把将来15年以内孩子所作的每一件作品都保留下来，那么你房子里肯定到处都是孩子无心的零散的涂鸦。

（5）好作品，挂起来。在孩子的房间里专门辟出地方作为"表彰栏"，这样孩子便可以在自己的房间里欣赏自己的得意之作了。

（6）整齐有序的"工具箱"。假如你的孩子制作了许多艺术品，那么他肯定会有很多蜡笔、荧光笔等绘画工具，当然这些工具必须要找一个地方来进行统一存放。把它们都放在一个轻便的盒子里面，这样孩子便可以随身携带了。除了这些以外，在把创作材料放进盒子以前，请先把它们归一下类，再把它们放在不同的带有拉链的封口袋子里面。这样不但可以让每一件工具都整齐有序，同时当你在需要使用它们时，也更加容易找到。

（7）最好的礼物。你是否发现了，实际上孩子亲手做的作品是送给亲朋好友最有价值的礼物。如果你选择替你的孩子给每一位家庭成员都买礼物，那还不如让他自己亲自制作礼物送给家人，这对于孩子来说也是最大的认可及鼓励。

第八章

完美性格的塑造
——做孩子性格管理的有心人

一、性格管理的意识养成

有位专家以前就说过这样的话："你不能希望不同的孩子取得相同的成就，每个孩子在他出生的那一天开始，就注定其独一无二的个性，他们是否可以取得成功，很大程度上取决于父母对其个性的培养及潜能的挖掘。"既然这样，父母是不是都明白自己的孩子属于何种个性呢？他们又能不能将自己孩子的所有内在潜能都挖掘出来呢？家长们能否对孩子的性格进行恰当管理，能否引导孩子养成良好性格呢？这是家长们特别关心的一个话题。

凯凯今年6岁了，他是一个让父母特别头疼的孩子。生活中，不管是做哪件事情，他都会将他的顽皮运用得淋漓尽致，用"小皮猴"来形容他是特别恰当的。凯凯有个5岁的表弟，名字叫豆豆，他是一个特别乖巧懂事的小孩子，他常常会独自一人全神贯注地玩着他的填字游戏，有时还会不吵不闹地坐在妈妈腿上与妈妈亲昵。两个孩子的妈觉得自己对孩子特别了解，可是某一天凯凯却难过地对妈妈说："你不像豆豆的妈妈爱豆豆一样爱我！"直到这个时候，妈妈们才意识到：孩子的世界原来也并不简单。

从宝宝出生那一天开始，他所具有的独特个性就会通过他的各种行为及动作表现出来。这时，家长们就应该仔细去品读宝宝行为里所包含的意思，因为这些行为通常就是一种暗示，它告诉你应该怎样去引导自己的宝宝，以帮助他们养成良好的性格。

所以，家长们首先要知道自己的孩子性格属于哪一种类型，然后再制订针对性方案。孩子的性格类型并不是简单的只有内向和外向两种，研究人员通过调查发现：孩子的性格基本上可以细分成七种不同的类型。

❤较劲型

露西今年6岁了，这个年纪的孩子应该是没有任何烦恼的，可她却总是开心不起来。只有当她将所有的事情都做得近乎完美的时候，才会露出开心的笑容。妈妈说："生活中，没有人会对她所做的事情表示不满意，除了她自己。"她对任何事情都不满意，就连玩耍也是一样，像打羽毛球这样令人开心的事情，露西也会由于自己没有接住本应接住的球而感到沮丧。

孩子对自己要求如此苛刻，家长们是比较担心的。哪位家长会希望见到自己的孩子由于一些小小的挫折而垂头丧气呢？何况你根本就不可能对一个天真的孩子说"放松一些"，他们阅历太少了，因此根本就不知道应该怎样去放松。要解决这样的问题，最简单的办法就是把所有的事情都简单化，把那些复杂的事情分成若干阶段，每次只完成一个阶段便可以了。在做之前你可以跟他说："这件事情比较难办，我们可以先试做一下，如果结果不理想，那么我们再重新做一遍。"此外，幽默也是可以收到很好的效果的。当他正在认真拼太阳系拼图时，你可以拿一个红色的星球当作自己的鼻子来逗他开心。让他享受过程带来的乐趣，这样他就不会对结果那么看重了。此外，笑也是可以缓解紧张情绪的，所以对于那些较真的孩子来说，你可以用经常逗他笑的方式让他不要那么紧张。

对于家长们来说，如果你的孩子比较较真，尽管你觉得很累，可是他们却不会因为压力大而害怕。虽然他们有时候也会犯错误，可是在做任何决定之前，他们都会仔细考虑。这些孩子以后比较适合做工程师及医生，且他们在这些行业比较容易取得较大成功。

♡害羞型

吴敏的儿子小杰今年刚好6岁，他是一个特别害羞的孩子。因此对于那些之前没有去过的地方，吴敏是不会贸然带儿子前去的。假如吴敏突然带小杰去了一个陌生人特别多的地方，那么小杰就会由于害怕而老是躲在妈妈后面。无论要去哪里，在去之前，吴敏都必须跟小杰讲清楚那里的情况。

害羞是一种很容易就让大家产生误解的性格。如今社会更看重那些外向开朗、胆子大、有自信的孩子。然而，害羞并不代表胆小，很多害羞的人其实也拥有足够的自信，只不过他们表现得更加腼腆。你是否也想让你的孩子不再那么腼腆呢？首先你要做的事情就是要让他觉得舒服，让他参加那些一对一玩耍的游戏，然后再让他慢慢地融入到团队活动中去。这样他在心理上便会觉得安全及自在，也就不会再产生害怕的情绪。在活动过程中，你应该成为他的精神支柱，可是也请不要让他一直依附于你，你应该让他慢慢地进入到自己的圈子里面去。有一点一定要注意：

千万不要太心急，更不要去逼生性害羞的孩子参加那些大型的活动，这只能让孩子更加敏感。不管在什么时候都应该听取孩子的意见，父母不能自作主张要求孩子参加任何活动。

害羞的孩子总喜欢站在不被人注意的地方，但这并不意味着他们只活在自己的世界里。实际上，害羞的孩子都比较细心，他们会发现那些经常被外向性格的人忽视的细节。专家表示：腼腆的孩子一般都是很好的倾诉对象，他们可以听你诉说牢骚，更容易察觉出你话语中所带有的其他含义。腼腆的孩子以后很有可能会成为观察家、科学家以及作家。同时他还可以成为你最忠实的朋友。

❤散漫型

童童是一个特别聪明的孩子，她不用花多少努力便可以在考试中取得较高的分数。可是，妈妈总是会为她操心。"不管做哪件事情，她都表现出一种漫不经心的态度，临时抱佛脚，从来都没有认真地对待过某一件事情。"她害怕性格随性的童童会受到其他人的不良影响，"她老是会对朋友们的看法表示赞同，尽管她是一个特别聪慧的孩子，可是我却发现她对任何事情都抱着一种无所谓的态度，因此她对自己所做过的事情也从来都没有认真地思考过。"

对于那些个性自由散漫的孩子来说，家长们最害怕的就是他们会浪费光阴，因此他们常常会给孩子施加很大压力。然而这样做并不能取得很好的效果，甚至还会伤害到孩子的自尊心。要想解决这一问题，家长们可以和孩子一起对生活中的事情进行规划，如让孩子参加班长竞选，或者成为校田径队队员。这两种工作对于发挥孩子的能力是特别好的，同时还可以让他取得更好的校园地位，因此他便会积极对待这一事情，以获得较好的成绩。同样的道理，假如说学习优秀可以让他走进更好的班级，那么他肯定是会自觉地认真对待学习的。因此对于那些散漫型的孩子，家长们可以给他设定一个目标。

当你在做某一件事情之前，如果你没做任何准备，那么你肯定是需要很大的自信的。对于自由散漫型的孩子来说，他们的生活会简单一些，他们不会被那些来自外界的压力所吓倒。也正是得益于这种没有压力的状态，他们反而可以更容易地做成那些特别复杂的事情。这样的孩子以后可以朝公关及市场领域发展。

♥好动型

林风有一个4岁的儿子，在他看来，儿子就像是一只成天充满精力的兔子，每一个带他的人都会觉得特别累，可是他自己总是那么有活力，在儿子的字典里"不"并不意味着约束，而是继续。这一点让林风特别头疼。

如果你希望自己的孩子时刻乖巧懂事，那么这对孩子不公平。每个孩子都具有与生俱来的性格，家长们不能强行让孩子改变性格。如果你老是批评自己的孩子，这只会让孩子对自己越来越没信心，与此同时，家长们也会有一种很强的失败感。你必须要接受并宽容孩子精力过于旺盛这一事实，同时还应该积极地寻找对策。你可以选择让孩子放学以后在小区里先玩上半个小时，玩够了再回家做功课。此外，家长们还可以在家里给孩子弄出一块地方以供其玩耍，这样就不会出现孩子在玩耍时弄得家里一团糟的情况。那些小时候精力特别充沛且让家长们特别头疼的孩子，在长大以后都可以带给家长特别大的惊喜。

那些在小时候便具有充沛体力的孩子有着其他孩子不具备的勇气和斗志，因此无论遇到多么大的困难，他们都不会退缩。也正是由于这种独特性格，他们具有了长大后当执行官的潜力，这样的孩子以后很可能会成为优秀的企业家或运动员。

♥消极型

这种类型的孩子在生活中会表现得比较沉默，也会害怕见到陌生人。他们看上去特别招人喜欢，不会缠着爸爸妈妈给他们买东西，也不会因为看到了某些新奇的事物而向家长们问一些稀奇古怪的问题。

生活中性格倾向于消极型的孩子，身体一般都是比较虚弱的。这种类型的孩子经常会出现由于某些小事而情绪特别紧张的情况，因此当孩子出现紧张情绪之后，家长们要想办法让孩子紧张的心情放松下来。此类孩子需要家长给予更多的鼓励与支持，因此就算孩子犯了特别大的错误，家长在执行惩罚时也应该顾及孩子的感受。在生活及学习中，假如孩子对某事表现得比较积极，那么家长们应该及时给予表扬。

家长们还可以问孩子一些问题，如果孩子正在看书，那么你可以问他"你喜欢的书是哪一种类型的"，当其看完以后，家长还可以问孩子"你最喜欢的人物是哪一个"。这样的问题可以更好地促使孩子进行积极的思考。

♥张扬型

个性张扬的孩子比较喜欢向他人问问题，也老是喜欢打破砂锅问到底。他们喜欢在他人面前以贬低他人的方式来表现自己。

对于这种类型的孩子，如果家长们不进行正确的引导，时间长了，他们就会变成以自我为中心的人。

所以，假如您对自己孩子所提出的问题一时间难以给出合适的答案，那么就请找到正确答案以后再回答孩子，不要害怕向孩子们说"我不知道"，更不要欺骗自己的孩子。同时，在日常生活中，家长们还应该注意要对孩子进行正确的道德品质培养。

家长们可以适当地对孩子抱冷淡态度，其实这对于那些个性张扬的孩子来说是有利的。可是家长们一定不要说"我不要跟你说话"这样的话语，而应该在他们犯了错误之后对他们说"你今天所做的事情让我很痛心"等话语，这样的话语可以让孩子明白：自己做错了，自己的行为让爸爸妈妈生气了。同时家长一定不能给孩子许下空头支票，答应的事情一定要做到。

♥虚伪型

尽管个性虚伪的孩子也喜欢向父母问为什么，可是在他们的内心里，他们还是希望爸爸妈妈可以对他们的行为做出肯定的评价。因此他们对于问题的答案看得并不是很重。假如父母问他们："你喜欢哪一种水果？"他们通常会反问爸妈："你喜欢的又是哪一种呢？"

个性虚伪的孩子一般都比较听话，他们总想刻意地讨好家长，让他们感到高兴。针对这种类型的孩子，家长们要使用建议与表扬相结合的方式。生活中，家长们应该让他们自己做选择，并提醒孩子不要让他人的意见左右自己的想法，以更好地提高孩子的独立性。

至于个性的培养，家长们要时刻鼓励孩子说出自己的真实感受，不要老是想着迎合父母或其他人的意见。告诉孩子不要在意他人对自己的评价及印象，要坚持自己的原则。

除此之外，家长们还应该对孩子进行表扬教育，在给孩子安排任务的时候，也不必拐弯抹角，直说便可。

虽然每一个孩子都具有其独特的性格，可是身为家长，必须要知道：无论你的孩子属于哪种类型，你都不能对他有太多的限制，因为每一种类型的孩子都可以取得成功。而他是否能取得成功就看家长们是否懂得运用性格管理的方法，对孩子的性格进行较好的引导，将孩子身上所有的潜能全部都挖掘出来。成功其实没有一成不变的模式，父母们应该做的便是引导孩子使用最适合自己的方法快乐地走向成功。

二、观察、思考与实验并重的教育方式

某些家长经常会羡慕其他拥有聪慧孩子的家长，他们甚至还会问："为什么我的孩子这么笨呢？为什么他的天赋不高呢？"当他们听到其他家长炫耀自己的孩子已经认识多少字，懂得多少种解题方法时，他们就会表现得特别着急，并希望自己的孩子也可以做到

这些。为了让孩子变得像其他孩子那样优秀，他们就会给孩子强加许多任务而不顾孩子的感受。

事实上，孩子的智力并不是与生俱来的，而是在后天的培养中慢慢形成的，而这个培养的过程，实际上就是孩子学习知识的过程。孩子接触到的东西越多，对事物的看法就越全面。

1. 让孩子成为发现生活的"观察家"

那一天，朱先生想要给女儿洗澡，所以他便在卫生间里用洗澡盆装了一盆水。当朱先生将洗澡需要使用的东西都准备好时，令他哭笑不得的事情发生了：女儿把自己的玩具都放在了洗澡盆里，因此洗澡盆里便漂着各种各样的玩具，这些玩具都浮在了水面上，而女儿则在那里认真地观看玩具是怎样在洗澡盆里面"游泳"的。

朱先生正准备教训女儿，可是女儿却高兴地告诉爸爸自己发现了一个问题：小汽车比塑料鸭子重，因此它沉到水下面去了，而鸭子却浮在了水面上……女儿神采飞扬地说着自己的结论，而此刻的朱先生也感到特别欣慰：以前他们教给女儿的东西，现在女儿自己从实践中找到了例子。

接着，朱先生又高兴地对女儿说："铁如果在水中长时间浸泡，那么它是会生锈的，而小卡片经过浸泡也是会被泡坏的。"经过这一事情，朱先生又将一些新的知识在玩耍中教给了孩子。

从这一个例子我们便可以知道：现实生活中，许多知识都可以通过细致的观察得到。这个时候，家长们就应该起到良好的引导作用，让孩子养成仔细观察的良好习惯。

有的父母会有这样的观点：孩子对于现实生活中的许多事情都会感兴趣，如果要他们通过观察来掌握知识的话，那真的是一件十分困难的事情。

对这一点家长们是没有担心的必要的。你们可以先将观察的对象选好，在选定好对象以后想办法让孩子集中全部精力，同时还要在这一过程中观察孩子是不是具有持久性，他是不是对你们所设定的观察对象特别感兴趣。父母在对自己孩子的观察兴趣进行培养时，请注意你们所使用的语言必须是生动幽默的，同时你们还可以在里面适当地加入一些语气助词。语气柔和，孩子们才乐意听。就算是发生在生活中的一件十分平常的事情，父母们都可以用一种充满神秘色彩的语调讲给孩子听。

在观察的同时，家长们还需要让孩子学着去调动人类所具有的各种感官，如让孩子尝某些食物的味道，听某些动物的声音等，这样做可以让孩子更好地使用感官去了解事物，提起兴趣，在观察时更加细致，更加有耐心。

不管是内向还是外向的孩子，都不会将注意力长久地停留在同一事物上的。所以，如果孩子们对于某一事物已经不再感兴趣，家长们也不要强迫他们，而应该让他们将注意力转移到其他事物上去，以促使他们养成广泛的兴趣爱好。孩子兴趣爱好广泛，他们的知识面也会跟着增大。

随着孩子年龄的不断增长，家长们也要时刻帮助孩子改变观察方法。在观察的过程中，父母可以问孩子一系列问题，以促使孩子意识到所观察事物的变化，并找出他们之间所存在的联系，就算是那些特别微小的不同。假如家长从孩子小时候便开始注意对其敏锐观察力的培养，那么将来孩子想要建立对于环境的认知的概念也就会更加容易，这对于孩子的一生来说都是特别重要的。

2. 善用留白教育，让孩子独立想问题

相信家长们对于"留白教育"这一词都不会陌生。我们通常所说的"留白"指的是一种在虚中求实，并将虚实二者结合在一起的艺术表现手法。留白不但是艺术家的技艺，更属于一种教育艺术。花谢花会开，可是一个孩子如果错过了教育的黄金时期，那么他将不再拥有这样的教育机会。所以家长们在对孩子进行教育的时候，要注意开拓那些分数之外的领域，同时还要将学校教育里所留下来的空白较好地利用起来。

我们通常所说的启发性留白教育指的是，家长要给孩子充足的时间，让他们发展自身优势，并运用他们自己所学的知识，引导他们进行探索学习的一种教育方法。实际上，留白教育法是一种将自主、合作及探究三者相结合的教育模式。

生活中常常会听到父母用这样的方式教育自己的孩子：他们会特别不耐烦地说："我已经给你讲了这么多遍，你怎么还没有搞懂呢？""妈妈已经告诉你这一道理了，为什么你就是要反着来呢？"……

在家长们看来，自己已经给孩子说了多次，他们仍然不按照自己所说的去做，那么过错就在孩子身上。实际上，父母对孩子所讲的那些道理大多是一些空洞的理论，它们对于孩子所起的影响是特别小的。因此当家长一遍遍地述说着那些他们自认为的"道理"时，在孩子看来，它们与自己房间里老是播放的同一首歌曲是没有什么两样的。既然孩子对那些过时的歌曲不感兴趣，那我们是否可以用

将声音调高一些的方式去吸引孩子的注意力呢？答案是不能。当你这样做时，对于孩子来说，这首歌早就已经成了噪音，他们甚至还会讨厌这样的歌曲。

假如你可以在对孩子教育的过程中使用留白的方式，改掉自己不耐烦的心态，并将自己心中的不满意消除掉，放松自己的心情，小声地对孩子讲话，那么最后你便会发现：这样教育的方式比之前的方式收到了更好的效果。

启发性留白教育，实际上做起来是比较简单的。家长们只需真正地懂得怎么样用心地去疼爱自己的孩子，花心思去做那些对孩子有利的事情，站在孩子的立场上去思考问题，那么你将明白跟孩子交流的乐趣。家长们在跟孩子交流时，可以引导孩子建立起独立的人格，将孩子的主动性、积极性都调动起来，让孩子自己去进行探索，将最真实的想法告诉家长。

日常生活中，父母应该多给一些时间让孩子自由支配，这样他们就有更多机会去做自己想要做的事情，这更有利于孩子养成独立安排时间的好习惯。

当孩子在自主探索的过程中遇到疑问和困难时，家长们可以在适当的时候给孩子一些提示，让孩子对于自主探索所取得的成就感到满足，同时当孩子成功解决问题之后，家长们还可以适当地给予孩子一些鼓励。家长们要制造机会，让孩子自己对学习的内容及过程进行思考，而不要把答案直接给孩子。在对孩子进行启发时，家长们还应该有较多的耐心。进行留白教育时，不能过多控制孩子的想法，不要把自己的想法"填鸭"式地灌输给孩子，而应该让他们自己思考，给孩子充足的空间自主学习。家长们应该引导孩子将想说的说出来，去想象，去做。如果你的孩子可以通过多角度、多层次及多立场的换位思考的方式来解决问题，那么教育的目的也就达到了。

3. 鼓励孩子"看"完"想"完就动手

20世纪80年代，美国的一个教育工作者倡导了一项名叫"动手做"的教育改革计划，其改革对象是国民，尤其是儿童。随后，法国的夏帕克教授又将这一理论带到了法国。

"动手做"的理论放到日常家庭教育中，实际上就是要孩子养成自己动手的习惯，让他们具备自己动手的能力。

它要求孩子自己动脑筋动手去学习知识，更要求孩子在学习的过程中养成主动的好习惯，不仅要动嘴去讨论，还应该动手去做事情。这不仅仅是动动嘴皮子，也不是说让孩子发挥自己的想象力，而是一种探究的形式，让孩子带着一定的任务去学习，也就避免了盲目实践的情况出现。

当碰到问题时，孩子自己动手解决跟父母帮其解决，孩子的体会是完全不同的。5岁的孩子帽子脏了以后，你是帮他洗，还是让他自己去洗呢？中国妈妈一般都会默默地帮孩子清洗干净，孩子把脏衣服往卫生间一扔，第二天便可以穿现成的干净衣裳，他们对于洗衣的过程是一点儿也不知道的。

中国妈妈所担心的到底是什么呢？他们未必都是出于对孩子的保护，更多的可能是自私心理造成的："让他自己洗？算了吧，这等于是在浪费时间。他铁定是不会同意的，还可能会跟我耍脾气，我才没有那么多时间去开导他呢。"

如今差不多家家户户都有洗衣机，因此孩子自己动手的机会也就越来越少了。夏彦不满5岁时，爸妈就曾对其进行过洗衣服的教育。那一次她的白衣服上被染了很大一块黑渍，她生气地将衣服脱下来扔到地板上，并对着妈妈大叫："妈妈，你快来看啊！我的衣服上有好大一块脏东西。"她要求妈妈立刻帮自己处理掉衣服上的黑渍。

妈妈没有多想，便指着卫生间对夏彦说道："卫生间里有清水，里面还有洗衣粉，你自己去洗吧。"听妈妈这样说，夏彦便不高兴了，她生气地说："家里不是有洗衣机吗？为什么还要我洗呢？"她只想动动嘴皮子，根本就不想自己动手去洗衣服。

在妈妈的坚持下，夏彦没辙了，很不高兴地去洗衣服了。后来她发现洗衣服原来挺好玩的，并不像她想象的那样困难。在经过了一番和污渍的较量以后，夏彦慢慢地就喜欢上了洗衣服。她觉得可以玩水是一件特别高兴的事情，而研究洗衣粉所带来的泡沫在她看来同样也是一大乐事。渐渐地，夏彦就养成了自己洗衣服的习惯。如今她已经12岁，除非实在是没有时间，她的衣服都是自己动手洗的，而洗衣粉遇水会产生泡沫这一原理也是她自己在洗衣服的过程中明白的。

人们只有亲自去做一件事情，才能够真正明白这件事情的本质，也才能真正了解其中的趣味。

俗话说"当局者迷，旁观者清"，如果将其用在动手教育上，那么则应该为"动手者清，动口者迷"。动手这一习惯带来的好处是用金钱买不到的。父母就算具有很好的物质条件，也应该让孩子吃一些苦头，多做一些事情，而不只是说说。要让孩子学会独立生活，发现自己解决问题的乐趣。

"从做中学"属于现代教育应该遵循的准则。它把家庭与社会及学校与社会有机地联系在了一起。这样不但可以让孩子学到理论知识，同时还可以培养他们观察的能力及做事的兴趣，更可以锻炼他们动手的能力，为其以后的学习提供宝贵的实践经验，这样的教育对于孩子来说才是最有利的，这样教育培养出来的人才可以更好地适应社会。

三、爱与感化的力量

关爱孩子是每一个家长的天性。提起关爱孩子，家长们都可以举出很多例子。实际上，如何爱孩子不但是方法问题，更是一门学问。爱得对，那么这对孩子来说是一种感化；如果爱得不对，那么就将耽误孩子的一生。

梁妈妈惊讶地发现4岁的女儿开始向自己撒谎了。在她看来，撒谎是孩子犯下的最严重的错误。"上厕所成了万能灵药，当孩子碰到不想干的事情时，她便会以上厕所来推托。"这么小的年纪就开始撒谎了，大了会变成什么样子啊？

细心的梁妈妈将女儿数次撒谎的场景捕捉了下来。那天晚上，女儿跟家人一起在饭厅吃饭，开始的时候，她还老实地坐在那里吃着，可是过了一会儿她便开始扭动起来了，随后，她便对梁女士说："妈妈，我要拉大便。"梁女士听后便马上把女儿从凳子上抱了下来。女儿只在马桶上坐了一两分钟，便对梁女士说："拉完了。"梁女士刚帮她提上裤子，她便一溜烟地跑到了房间里。此时外婆便说话了："宝宝下午时已经拉过大便了。"为了早点去房间里玩，女儿竟然撒谎了。后来梁女士便发现了一个问题：只要遇到不想干的事情，女儿便会说："要撒尿了，要拉粑粑了……"

另外一位朱太太也发现女儿有同样的问题："我发现孩子会撒谎了，有一天她的书包里多了一个幼儿园里的小玩具，当我问她是什么情况时，她说是老师让她带回家玩的。可是第二天我问了老师，结果根本就不是那么回事。这么小的孩子就学会撒谎了，我该怎么办呢？"

上面所举的两个例子，从表面上来看是孩子出现了撒谎的情况，实际上这样的犯错是家长教育方法所造成的。首先我们要了解孩子说谎的原因到底是什么，主要有以下三个方面。

（1）孩子在描绘生活在他们想象里的人物及事情。比方说"唐老鸭到学校里跟我玩了，而且还给我带来了很多礼物"，这样的"谎言"是那些想象力特别丰富的孩子经常会讲的。

（2）模仿成年人"撒谎"。家长们可能经常会对孩子说这样的话："宝宝听话，如果你现在不吵的话，那么我们礼拜天就去动物园。""就说我没时间，不去了。"此样的谎言家长们觉得没什么关系，可是在孩子看来那就是撒谎，他们会模仿大人的做法。

（3）由于受到某些压力或愿望驱使而撒谎。"不是我弄坏的，我也不知道它为什么会坏的……""妈妈我不舒服，很想吃肯德基……"在他们的意识里，做错事情将受到很严厉的惩罚，或者很重要的请求老是遭到拒绝，得想一些办法，这些请求才能实现。家长们应该让孩子明白：说实话不一定会受到严厉的惩罚，有愿望也不需要用撒谎的形式达成，爸爸妈妈不喜欢撒谎的孩子。

家长们应该怎样引导"撒谎孩子"改掉这个坏毛病呢？实际上，孩子之所以会撒谎，最主要的原因是家长的过度溺爱及错爱。在日常生活中，因为家长对孩子表达爱的方式不正确，他们就会对撒谎这种性质的行为没有正确的理解，反而希望可以用撒谎这一手段来获得家长更多的迁就及关爱。

面对孩子撒谎，家长们都特别烦恼。难道爱自己的孩子也是一种错吗？自己把所有的精力都放在孩子身上，为什么却得不到孩子的回应呢？为什么孩子不会因为自己的关爱而感动呢？为什么最后孩子竟然用任性和撒谎来回报自己呢？

实际上，之所以会出现这样的结局跟家长所持有的几个"错爱"有着莫大的联系。

1. 唯有"读书高"

大部分的家长都认为读书是孩子唯一的出路。曾经有个家长就这样说过："我觉得孩子唯一应该做的便是好好读书，只要他们可以取得优异的成绩，那么家务事他们根本不需要做。"然而事实总是与家长的想法背道而驰。到最后孩子不但成绩不好，而且连一点儿基本自理的能力都没有。

2. 唯有"开心好"

现在许多家庭都只有一个孩子，经济负担不是很重，某些家长也只图自己轻松，不想办法管教孩子，认为孩子只要高兴就可以了。因此不管孩子提出的要求多么过分，他们都会尽可能地满足孩子。一位小学生家长表示："现在家家都只有一个孩子，宠一点儿是在所难免的。孩子喜欢干什么就干什么吧，我们也不想给他太多的条条框框，自己也乐得轻闲。当我们给孩子制定条条框框以后，他就会表现得不高兴，而我们也会跟着心烦，因此想想也觉得没有必要这样做。"

3. 唯有"攀比强"

如今的家庭经济条件都慢慢变好了，某些家长就老是喜欢和其他人攀比。这位家长所持的看法就带有一些普遍性。他表示："我小的时候，家里特别穷，连书也读不起，因此没有什么文化，甚至还由于文化低而吃了很多苦。所以我就暗下决心以后再也不能让孩子吃和我一样的苦，因此我认为只要其他的孩子有的东西，那么我的孩子都应该要有。"就是由于家长们抱着这样的心态，所以他们才会给孩子买名牌服装，买高档玩具。这样做最终满足了家长们的虚荣心，可是，这些真的是孩子想要的？又是孩子真正需要的吗？

4. 过分溺爱让孩子失去了独立自处的能力

鉴于如今的家庭生活条件都很好，孩子根本就不用为生活而担忧，因此他们就养成了衣来伸手、饭来张口的习惯。某个出生优越的孩子就曾说过这样的话："我认为反正爹妈有钱，根本就不需要我去工作，那我就待在家里好了。尽管我现在没有工作，可是爸妈既然生了我，那总不可能不管我吧。"正是由于许多孩子都有这种想法，因此一部分独立能力较差的孩子就成天待在家里享受着爸妈给他们带来的优越生活，时间长了也就养成了许多不良的生活习惯，没有了责任心，对任何事情都抱着一种无所谓的态度。

这些均是家长们常犯的错误。实际上，家长们不应花费大量的时间精力去顺从和满足孩子，而要有效率地引导孩子建立起正确的生活和学习习惯，锻炼孩子独立生活的技能，让他们拥有阳光健康、积极向上的人格。

1. 爱他们，就要让他们成为德、智、体、美、劳全面协调发展的人

家长们在教育孩子时，更重要的是要教他们如何成人，其实成人比成才更加重要。许多家长认为孩子的成绩是最重要的，只要孩子成绩好，那么什么事情都好说。可是他们忽视了对孩子在诚信、责任感、合作精神等方面的培养，忽视了健康人格对孩子的重要性，最终就特别容易培养出一些"高分低能"的孩子。

某一档电视节目里曾经就介绍了一个叫陈某的神童的成长历程。陈某4岁的时候就已经上小学了，之后仅用三年的时间便学完了整个小学的课程。8岁时，他便进入了中学进行学习，13岁时便成功被湖南某知名大学录取了，而17岁便获得了中科院硕博连读的机会。

然而虽然他在学习上智力很高，可是他在生活上各方面能力都相对较差，甚至连自理都成问题。大学期间，他从来都没有自己洗过衣服，前去陪读的妈妈也未曾要他洗过，就连洗头发这样简单的事情也是妈妈代劳的。在妈妈看来，读书才是他的第一任务。同时妈妈还经常对儿子说：这些小事不会做没问题的，等你将来当上博士，成为科学家以后，请一个保姆便可以了，你就只需要专心于你的研究便可以了。在陈某成长的整个历程之中，因为妈妈的陪读及严厉的要求，他失去了自我空间，更没有时间去与其他同学进行交流。因此尽管他已经长大，却不知道应该怎样去与周围的同学交往。因为长时间生活无法自理，同时其知识结构也不符合中科院高

能物理所的研究模式，陈某在上了三年研究生课程后便收到了勒令
退学的通知。

　　陈某被退学这一事件曾经在全国范围内引起了很大的轰动。陈某
之所以会失败，最大的因素即是他母亲对他错误的教育方式。如果
你说这是属于陈某的"神童路"，倒不如说是他妈妈的"神童梦"
来得更加贴切。他的成功及失败都是他妈妈一手打造的。陈某的成
长历程就是现代版的《伤仲永》，令人惋惜，更引人深思。
　　看重知识看轻能力是不正确的，仅看重智力不看重德行的培养
也是不可取的。马加爵事件就是一个很好的例子。一个人能否取得
成功，其智力因素仅占20%，另外80%都是人格因素在起作用。对于
孩子成长这一问题，家长们应该时刻保持一颗平常心去对待，孩子
可以不具有超群的智力，只要他拥有健康的身心便足矣。健康的身
心是保证孩子可以较好应付一生中可能出现的成功与失败的基本因
素。此外，当孩子长大之后，就算他学富五车，如果他不具备基本
的生活和社交能力，那么他也是无法取得很大的成功的。如今社会
上所倡导的是素质教育，也就是提倡孩子们各方面能力协调发展。

2. 爱他们，就要让他们经历磨难和挫折

　　演员朱时茂的孩子叫阳阳，当他来到这个世界后，朱时茂疼爱
孩子，因此只要是阳阳想拥有的，他都尽可能地满足。带儿子出去
玩打地鼠的游戏时，朱时茂总会给儿子买很多游戏币。小时候，儿
子的身体不是很好，因此妻子就叮嘱朱时茂带儿子游泳的时间不要
太长了。之前说好游一个小时就好了，可是孩子生性爱水，为了让
孩子开心，朱时茂并没有及时叫孩子出水，因此儿子在小时候经常

生病，年幼的儿子整天都受到中药的折磨。朱时茂对之前自己过分地溺爱阳阳的举动感到特别后悔。后来他接受了朋友的提议：让孩子离开充满溺爱的环境，更要让他摆脱名人父亲的光环，不能让他想要什么就可以得到什么。因此，朱时茂便狠下心来将9岁的儿子送去了美国。在美国，阳阳反倒身体健康起来，并且越长越壮，他不仅成了游泳能手，同时还开始学习空手道。

实际上，一个真正成功的人，他应该具备各种优秀技能，如创造性、适应性等，他应该具有较高的综合素质，更要经得起困难的考验。如果家长对孩子进行过度的保护，那么最终只会降低他们的心理承受能力，更使他们无法拥有健全的人格。许多家长总是想尽办法帮助孩子解决生活中所出现的一切难题，他们觉得这样做是对孩子的关爱，却不知道这样做实际上是给孩子在成长的道路中挖出了一个个温柔的陷阱。而孩子在掉进陷阱里后也会因为失去了感受失败及挫折的机会，无法学到真正的本领。失败和挫折就像是人生的学校一样，它不但可以折磨人，更可以锻炼人，可以让孩子学到许多有价值的东西。

3. 爱他们，就要在他们面前树立良好的榜样

在孩子的成长历程中，家庭是他性格塑造的第一站，而家长则是对他进行塑造的第一任老师。现在很多家长自己随便乱花钱，可是他们要求孩子养成勤俭节约的习惯；某些父母自己瞧不起读书人，却要求孩子成为高学历的人等。最终的结果总会不像家长们所预期的那样，最主要的原因是由于家长们只注意言语教育，不注意行为教育。

《论语》里记载了孔子的徒弟曾参所奉行的修养原则，即"吾日三省吾身"。同时在生活中，他还会用这一原则去教育自己的儿子。某一天，曾参的老婆要到街上去，小儿子拉着曾参老婆的衣服大声吵闹，希望可以同去。最后曾参老婆被吵得不行，便对孩子说："你乖乖待在家里，我回来以后就给你杀猪吃！"闻听此言，孩子便自己回家去了。当老婆从街上回来时，便看到曾参拿着绳子准备捆猪，而其身旁还放着一把杀猪用的刀子。老婆连忙制止曾参道："我先前是跟孩子开玩笑的，不是真的要杀猪吃啊。"曾参回答："不能对孩子说谎话，孩子还小，他们什么也不明白，但是他们会学着家长的行为去做事。今天如果你不履行你的承诺，那么你就是在教孩子撒谎。再说了，妈妈欺骗孩子，那么孩子就会觉得妈妈的话不可信，以后你再想教育他也就很难了。"最后，曾参真的把猪给宰了。尽管曾参杀了家里的那头猪可能是一个比较大的损失，然而他在自己儿子面前树立了诚实的榜样。

孩子原本是一张白纸，他们观察模仿后学会如何生活，家长的一举一动都会给孩子带来很大的影响。家长们所具有的良好品德可以给孩子树立良好的形象。有时家长们无意识的一个举动便可以收到意料之外的效果：它可能会给孩子带来很好的印象，也可能会给孩子留下极差的印象。为了让孩子健康成长，家长们在生活中就需要特别注意。

四、因材施教的智慧

对不同的孩子应给予不同的教育方式，这样才可以达到事半功倍的效果。如果你的孩子属于铁杵，那么你可以将其磨成钢针；可是如果你的孩子是璞玉，那么你就必须根据其纹理来进行雕琢。假如你一定要用打磨钢针的方法去雕琢璞玉，或是用雕琢璞玉的方法来打磨钢针，那么你不但无法成功，同时还会把原料给白白浪费掉。

比方说某些家长在听说自己同事家的儿子成绩特别好之后，便会询问同事"你孩子是如何学习的""他每天都学习到几点"，甚至还会问"你给孩子都吃什么了""你是不是经常表扬孩子"等诸如此类的问题，他希望其他家长的经验可以帮助自己培养出好孩子。

可是当家长们把他人的经验用在自己孩子身上时，却总是不能得到预期的效果。家长们在分析原因时，总是会习惯性地将原因归结为自己孩子不努力，最终不但打乱了孩子以前的学习计划，同时还会对孩子的学习积极性起到负面影响，更严重的还可能会令孩子产生逆反心理。

日常生活中，父母经常会对我们说这样的话："你必须好好学习，否则以后你就只能去当一名工人。""看到街上那些清洁工了吗？他们就是由于以前没有好好读书，所以现在才沦落到扫大街的地步！"……或许许多家长认为这些话语是当代家教中特别平常的对话，然而，当家长们看了老舍先生教育子女的故事以后，也许会有新的想法。

有一次，老舍在给其夫人所写的一封家信里曾这样说道："我觉得，他们不一定非要读大学不可。我希望自己的孩子可以凭自己的努力生活，一个勤劳的车夫难道不比那些贪官要好得多吗？你觉得呢？"

与老舍的教育观念相比，我们就会意识到：老舍也希望自己的孩子成功，可是他期望的是他的孩子可以成为对社会有用的人，而不是现在许多家长希望自己孩子成为的"光鲜体面"的人。

父母都希望自己的孩子可以成功，他们对自己的孩子寄予希望是可以理解的。然而在现实生活中，一部分家长不顾孩子的自身发展情况，一味地给孩子规定任务，就算孩子使尽了全部精力也只取得了一点点的进步，他们还是不满意，有些父母甚至还会对孩子大声斥责。时间长了，孩子的努力得不到任何鼓励，他们也就体验不到成功的乐趣，对成功的追求也就慢慢地消失殆尽了。实际上，每个孩子拥有其独特的潜能，家长要懂得因材施教，对孩子所抱有的期许也要参考孩子的自身特点。

1. 不要老让孩子干他不想干的事情

如今很多家长对于怎样培养孩子成长都加入了一些硬性指标，比方说要孩子参加各类兴趣辅导班，弄得他们不管是从身体上还是心理上都觉得特别累，根本没有玩耍的时间。同时家长们还觉得上这些学习班有利于孩子成长，殊不知，这样只会让孩子心理压力更重，会对孩子的心理起到负面的影响，甚至还可能会磨灭孩子的想像力及创造力，最终将孩子天性的火花统统都泯灭掉。

李肇星曾经是中国外交部长，他的太太秦小梅女士就曾经讲述过这样一件事：他们的孩子李禾禾在上幼儿园之前就学过一年时间的绘画。后来禾禾便在上幼儿园时用毛笔画了一幅名叫《小蝌蚪找妈妈》的画，并取得了少年儿童绘画比赛的二等奖。夫妻俩特别高兴，他们认为禾禾肯定可以在绘画方面取得一定的发展。可是令他们没有想到的是，上小学三年级时，禾禾又热爱上了数学，并且还自己报了奥数班，每个礼拜天他都会自己骑着单车去西城的奥林匹克学校上数学课，不管天气多么恶劣，从来都没有中断过。之后李禾禾的数学成绩一直都很好，随后他又靠着自己的努力，以优异的成绩进入了北京四中。

李肇星夫妇让孩子自由成长的教育方法是非常正确的。家长不一定要给孩子设定硬性的目标，可以让孩子自己去寻找兴趣。对于这件事情，家们长们必须要尊重孩子的想法，并给他们创造一定的物质条件，以帮助孩子成长，同时不要制定一些条条框框来左右孩子的想法。

假如家长只知道一味地把自己的喜好强加给孩子，那么孩子很可能就会产生叛逆情绪，甚至还可能会影响到家长与孩子之间的关系。实际上，在日常生活中，家长们应该做有心之人，时时刻刻注意孩子各方面的表现和特点，并抓住有利的机会，进行适当的教育。这样，孩子所具有的潜能就会被挖掘出来，而家长对于孩子的美好希望也有实现的可能。

2. "点燃的火把"和"封闭的空间"

如今许多家庭都只有一个孩子，家长对于孩子都是抱着一种打不得骂不得的宠爱态度。事实上，家长对孩子这种过度宠爱的态度会让孩子失去获得为人处世、独立解决问题及锻炼意志的机会。时间长了，孩子就会产生一种害怕的心理，他们会对自己独自处理事情的能力产生怀疑。试想一下：这些孩子在长大以后，又将怎么面对这个复杂的世界呢？

比尔·盖茨是微软公司创始人，因此他的经济条件肯定是很好的，然而在教育孩子这一点上，盖茨却有其独到的看法。他觉得想让孩子成为优秀的人，最重要的是让其拥有良好的性格，让其养成良好的独立性和生存能力。在孩子上幼儿园的第一天，盖茨把孩子送到学校以后便对孩子说："现在你已经知道去幼儿园的路了，以后我和妈妈都不会来接送你了，一则没时间，二则没必要。"从那以后，孩子每天都是自己背着书包去幼儿园上学，放学之后又自己回来。那一次，学校放学时下大雨了，他灵机一动，光着脚跑到了路边商店，随后沿着店门前的挡雨篷慢慢地前行。到家之后，他特别高兴，觉得自己特别了不起。

试想一下，如果这件事发生在我们的孩子身上，或许很多父母都会特别心疼。然而，现在的许多孩子认为父母的爱和关怀就好像是"密闭的房子"，让他们透不过气来，甚至还会感到窒息。他们根本就不希望父母用自己的生活经验和习惯喜好来要求自己。他们渴望从父母那里获得可以温暖他们心灵，点燃他们前行的勇气，将其人生征程照亮的"火把"般的关爱！

家长可以给孩子很多关爱，可是请不要永远都让他们在你们的庇护下成长，家长们必须要让孩子养成独立的性格。孩子将来要成为一个可以自己独当一面的人，就算遇到再多的困难也要迎难而上。这才是现代家庭教育应该追求的理想！

3. 对孩子进行个性化教育

孔子教学生，注重因材施教，这是宋代理学家朱熹归纳出来的关于孔子教导学生的办法。"因材施教"即是对孩子的具体情况进行具体分析，依照他们不同的性格实行教育，最终让他们得到更好的成长。连古人都清楚依据不同的人进行不同的教育，以达到最完美的教育目的，那么拥有先进教育方法的爸爸妈妈们就更应该明白这一道理。

如今，每一个家长都希望孩子"成龙成凤"，企盼孩子能在将来的激烈竞争中突显出来，但是往往适得其反。这里面很重要的原因就是父母未曾注意孩子的天然本性特征，未曾对他们因材施教。

父母应该针对孩子不同的个性采用不同的教育方式，将孩子的潜能及智慧充分地挖掘出来。孩子之间有着很大的不同，任何一个孩子都有其独立的个性，教育就是为了发掘每个孩子的不同特点、个性及创造能力。父母只有明白了孩子的具体情况，教育起孩子来才会事半功倍，让孩子在成长的过程中走得更为顺畅。

孩子的性格相异，父母的教育方式也应该各有不同。他人的教子诀窍也许对自己的孩子并不适宜，父母应该做到活学活用，对孩子的教育应该具有自己的个性特点。

爱好数学的孩子，父母要激励他向高难度的习题挑战；喜欢舞蹈的孩子，父母要帮助他进舞蹈训练班培训；至于那些把知识理解得很通透的孩子，父母就不必去强迫他们做很多课后题目了。总的来说，孩子的成长模式必须是适宜自己的，如此他们才会更加快乐地长大。

4. 因势利导，使孩子扬长避短

父母要以平常心看待孩子的成长，任何一个孩子都有优缺点，父母要细心地注意他们的爱好及特长，激励他们努力提升自己的优势，帮助孩子克服自信心不足，为他们的全面发展提供平台。

妮妮性格有点内向，对着陌生人连大声说话都不敢，上英语课也不敢像别的同学一样跟着老师大声朗读，英语成绩也是一直落后。为此妈妈没少伤脑筋，还以为她不喜欢英语这门课。妈妈问妮妮，妮妮说越学越没信心了，老是学不好。

又一次英语考试，妮妮的成绩单上是一片大大的红叉，她一个人坐在屋里默默流泪，还情不自禁地喃喃自语："我该怎么办？英语还能学好吗？"妈妈听到这些话，不禁很心疼，突然她计上心来，眉头也舒展开来，推开门走进去。看到妮妮一个人伤心无助的样子，妈妈拍拍她的肩膀，温柔地笑着说："我们的小公主是不是还在为英语成绩而难过呢？没关系的！妈妈相信你一定可以学好的，只是缺少正确的学习方法而已。想当年，妈妈的数学成绩也是一塌糊涂，也快对自己失去信心了，后来找对了学习方法，不也学好了吗？"

听了妈妈的话，妮妮的精神头被提起来了。她问妈妈："后来你的数学成绩真的上去了吗？"妈妈回答道："当然，数学后来还成了我的优势科目呢！"妮妮不禁对妈妈佩服得五体投地，问妈妈到底用了什么样的好方法。妈妈说："其实也没什么，但最关键的一条就是你要对自己有信心，遇到困难迎难而上，这样问题就能很快解决。妈妈会一直给你加油！"

听了妈妈的话，妮妮的脸上重现了笑容。她冲妈妈做了一个鬼脸，立马回到房间开始复习了。

在孩子教育的过程中，家长们应该注意因材施教，不急不躁，掌握技巧，态度温柔，成为孩子成长路上的引导者和支持者。

五、避开"性格雕塑"的误区

国外一位知名的教育家曾说过：家长是建立孩子未来美好生活的"雕塑家"，孩子能不能成功很大程度上取决于家长的双手。现在怎样把自己的子女教育好，让他们赢在起跑线上已经成为每一个家长都特别注意的问题。可是许多父母没有好的教育孩子的方法，因此也就出现了许多误区。

♥误区一：过早进行知识教育

对于幼儿教育这一问题，许多家庭都有这样的问题：家长们希望孩子成才的心情太过急切，因此早早地就给孩子安排了学习任务。现在很多家庭在孩子年幼时就开始对其进行强化教育，甚至把家庭当成了学校。太早的知识教育会让孩子们失去爱玩、好动的天性，孩子也只能被迫地去接受教育，这特别容易导致孩子产生压抑的情绪。实际上，当孩子还没有到适合接受知识教育的年龄阶段时，强迫孩子进行学习是违背教育规律的。一些家长老是抱怨自己的孩子笨，这对于孩子学习知识的兴趣是一种打击，更会让他们对学习产生一种害怕心理。

很多家长在把孩子送去学校的第二天便会问他们学到了什么，当孩子说在玩耍时，家长就会表现得很生气。实际上，幼儿时期孩子最主要的任务便是玩，家长们可以让孩子在玩的过程中学习知识。跟孩子做游戏也是一种学习的方式。在孩子7岁以前，家长们应该让他们养成多自己动手活动的习惯，并让他们带着一种愉快的心情去接受知识。在幼儿教育这一过程中，家长可以通过良好的设计，较好地将教育贯穿到游戏之中，这样就可以达到较好的教育效果。比如通过角色扮演的游戏，让他们学习怎样正确地跟其他人相处。

♥误区二：对孩子溺爱

某些家长对孩子太过宠爱，最终也就养成了孩子为所欲为的习惯。这样的家长通常会感叹："想要培养好孩子真不是一件易事。"可是他们不知道是自己在教育方法上存在欠缺。

如今很多家庭都只有一个孩子，很多家长给予孩子的关爱也是不科学的，他们所给予的是一种溺爱。比方说孩子想要什么，他们就会给孩子买什么，什么都听孩子的。这些都属于溺爱的范畴。小孩子不明白事理，做父母的就应该对孩子所提出的要求做出分析。假如父母觉得孩子所提的要求比较过分，那么就算孩子又哭又闹也是不能勉强答应他们的，但是在拒绝的同时，家长们应该要把道理给孩子讲清楚。假如孩子一哭一闹，父母就满足他的要求，那么他下次还会使用同样的方法让你妥协。

在很多家长看来，放手就意味着孩子会受到伤害，而这属于溺爱的另一种表现。关于对幼儿施行挫折教育这一点，很多家长觉得不能理解："这么小的孩子，你忍心让他们受挫折吗？"

某位教育专家就说过：当宝宝刚刚落地之时，他也就具备了求知的能力，他对整个世界都充满了好奇。可是父母通常不敢放手让他们去做自己想做的事情。不让孩子做这些事情确实可以为家长免去很多不必要的麻烦，可是这对于孩子的智力发展是一种禁锢，他们探索这个世界的兴趣被减弱了，个性也就在不知不觉中被束缚住了。

按照如今独生子女家庭较多这一社会特性，培养孩子意志力的好方法是对他们进行挫折教育，这一教育包括游戏训练、劳动教育等。例如让孩子模仿并加入成人劳动中去，同时家长和老师也可以给孩子人为地设计一些困难，让孩子自己去感受，如走比较难走的路等，父母从旁保护安全，也不要老是担心孩子会因此而受到伤害。

误区三：粗暴式教育

当某些家长对孩子的某些做法不满意时，他们就会施行惩罚教育。家长们要明白：孩子不属于你的私有财产，你和孩子是平等的。当你和孩子出现意见不统一的情况时，你应该跟孩子讲道理，要做到以理服人。

假如你长时间采取权威式教育，那么孩子在为人处世上也很可能会带有攻击性，这对于孩子的成长是不利的。权威式教育与家长的素质有着很大的联系。从这一点上来看，父母应该多多学习，以提升自己的素质。

孩子是祖国的未来，民族的希望。我们一定不要在花大量精力、财力帮助孩子成长的同时，又给他们制造很多生理及心理上的障碍。作为家长，不仅应该为孩子的教育付出心血，更应该用科学的态度对待孩子的教育问题，通过学习研究从之前的教育误区之中走出来。

♥误区四：家庭教育不一致

鉴于当代家庭2~6个大人共同照顾一个孩子的结构，家庭里常常发生教育方式不一致的情况。比方说孩子做错了某件事情，父亲正在批评孩子，可是母亲老是护着孩子；有时也可能是父母与爷爷奶奶对教育孩子意见不统一，比方说孩子做错事了，父母正在批评孩子，可是爷爷奶奶却在旁边说："你还有脸说孩子呢，你小的时候也是一样的！"这样一来，孩子就找到了庇护所，这将会对教育起到不利的影响。正确的做法是：当爷爷奶奶觉得父母在教育孩子这一问题上存在不足时，应该挑一个合适的时间私下向父母提出来，而不是当着孩子的面说出来。

♥误区五：不与教师结合

一部分家长觉得：孩子上幼儿园以后，孩子的一切都交给老师了，自己根本就不用再管了。孩子如果出了事，那么肯定就是老师的责任。有些家长听说老师批评了孩子之后更会去学校找老师的麻烦，其实这对于孩子的教育是特别不利的，甚至还会对孩子的成长造成阴影。郑州一所学校有两个孩子打架了，老师对这两个孩子提出了批评。在打架中打输了的孩子家长便带了好几个人去学校把老师打了一顿，弄得老师在医院里住了一个多月的院。这个家长打老师的原因是："俺家孩子吃了亏，你还批评他。"正确的做法是父母应该与老师合作，对那些出现的问题进行分析，把道理说给孩子听，一起把孩子教好。

♥误区六：不知言传身教的重要性

在平常的生活里，家长应该做出好的榜样，用自己的行为举止慢慢地去影响孩子。孩子还小，他们就好像是一张白纸，认为大人的做法就是对的。父母正确的言行可以让孩子学到正确的处事方法，反之，孩子则会养成错误的行为习惯。

少儿时期是孩子行为品德养成的关键时期。一方面，孩子对于家长的言行特别看重，他们会判断家长的言行是不是一致；另一方面他们还会对父母的言行进行模仿，同时还会在不断的模仿中形成属于自己的行为准则。因此，家长在对孩子教育的过程中要使用正确的言行，给孩子树立好的榜样，再让孩子进行模仿，让他慢慢地形成正确的行为习惯及良好的道德品质。

六、善用技巧，教出孩子好性格

正是由于家长对于孩子性格的养成会起到特别大的影响，家长更应该使用正确的家庭教育方式来培养孩子，让他们养成良好的性格。

1. 对孩子适当地冷落，使孩子不再任性、以自我为中心

许多家长都表示：孩子总是不肯好好吃饭，通常都是家里的好几个大人轮班喂孩子吃饭，一顿饭就可以吃上一个多小时。可是为什么孩子在幼儿园里可以自愿地把饭都吃光呢？因为孩子知道在幼儿园里，吃饭时间是有限制的，同时那里没有很多零食可以吃，可是在家里就不同了。他知道自己在家中所处的"地位"，父母肯定

是不会让自己饿肚子的。因此，他就可以随意地撒娇、挑食，甚至是做错事。实际上，家长应该尽量把自己对孩子的关爱之心隐藏起来，干脆不要去管他，也不要去追他，让他尝一尝饿的滋味，更不要给他零食。当被饿了几次以后，他就会知道挨饿的滋味是什么样子的，以后也就会乖乖吃饭了。

还有另外一些孩子，他们在家里是"小皇帝"，基本上都是说一不二的，甚至有时候还为了达到某种目的而发很大的脾气。

轩轩就是这样的孩子，他经常在家里发号施令。如果有一件事情不如他的意，他便会大吵大闹，最终爸爸妈妈不得不向他妥协，甚至还要跟他认错。轩轩的妈妈说，轩轩曾经就有一次要把老师奖给他的小红花贴在妈妈的头上，并且命令妈妈一天都不准摘下来，然而轩轩妈妈为了让孩子高兴，竟然真的就把红花贴在头上一天。从这件事情我们就可以看出：轩轩已经了解爸爸妈妈的心态，明白自己在家里拥有很高的地位，所以他也就慢慢丢掉了友爱和礼貌这样良好的品质。轩轩刚来幼儿园那会儿，他也会在不称心时又哭又闹。老师们使用了各种办法，最后决定对他进行冷处理，将要求讲给他听，接着就让他自己去做。慢慢地，他意识到哭闹已经没有用了，之后再碰到不高兴的事情时，他便会好好地跟老师交流，如今他已经可以很好地适应幼儿园的生活了。从轩轩家长那里我们发现，他在家里还是"小皇帝"，没有一丁点的改变。因此老师便和轩轩的家长沟通了多次，并告诉他们要用冷处理的办法对付这样的情况，针对轩轩所提出的不合理要求不去理他，当他自己意识到哭闹已经没用时，他便不再哭闹，这个时候父母就可以告诉他，他刚才所做的是不对的，家长不会对他的无理要求做任何回应，并且要求他以后都不要犯同样的错误。施行了一段时间的"冷落"式教育以后，轩轩不再像以前那么任性了，碰到事情时，他也会站在其他人的立场上想问题，并学会了自己安慰自己。

过度的冷落会让孩子觉得大家不再爱他，因此家长们便可以使用一些激励孩子的方法：将其坏毛病指出来，再向他提一些要求，再让他以行动重新获得大家的关爱，慢慢帮孩子改掉任性及以自我为中心的坏习惯，从而培养其良好的性格特征。

2. 让孩子适当做家务，形成勤劳和节俭的良好品质

很多家长都会将家务活统统揽下来，不给孩子创造任何做家务的机会，所以这样的孩子自理能力一般很差。刘太太一直担心自己的孩子在幼儿园里不能自己穿衣服。可是有一天，孩子告诉妈妈她在老师的帮助下已经解决穿衣服这一问题时，刘太太竟然表示不相信。这主要是由于在家里时，所有的事情都是家长帮助她完成的，所以刘太太根本就没想到孩子可以自己解决这一问题，她亲眼看到女儿自己穿衣服以后，颇有感慨地说："原来我的孩子的学习能力是这么强啊。"实际上，并不是孩子不能干这些事情，而是父母对他们不放心，不让他们去干这些事情。让孩子加入到劳动中去的意义其实比劳动本身要大很多。通过劳动，孩子的意志得到了磨炼，其自理能力和独立性也得到了提升。让孩子自己动手，应该从小就开始培养，首先可以从一些自理劳动干起，比方说自己穿衣服、洗手等，同时家长还可以让孩子做一些简单的家务，以提升孩子的劳动兴趣，鼓励孩子经常参加劳动，让他们养成热爱劳动的好习惯，更有利于他们形成勤劳节俭的好品质。

3. 正确运用表扬和批评，让孩子形成谦和的性格特征

表扬是可以鼓励孩子进步的教育方式，通过表扬对孩子的优点进行肯定，并鼓励他向前迈进，孩子很喜欢这样的表扬，同时这种表扬还可以起到很好的效果。可是一味地表扬孩子，就连对那些缺点也表示赞赏，那么孩子就会形成自以为是的心理，变得只愿听表扬的话，不愿听批评的话，还会形成一种盲目的自我优越心态。这样的孩子连批评的话都不能听，那他将来又怎样去面对人生中所出现的挫折呢？所以父母在对他进行教育时，要对其优点给予肯定及赞扬，同时还应该将孩子的缺点指出来，并用正确的批评方式帮助他改正自己所犯下的错误。让他可以真正看到事情的本质，改掉盲目骄傲的毛病，慢慢养成谦和的良好品德。

4.为孩子提供更多与人交往的机会，培养孩子与人和谐相处的能力

如今的孩子一般都是独生子女，家里没有和他年纪相仿的孩子一起玩耍，因此他们也就缺乏伙伴之间互相合作及互相帮助的平台。在学校里，那些被家长时常带出去接触外界事物的孩子要比另外一些经常在家里独自玩耍的孩子活泼很多，他们与人相处时也更加融洽。因此，父母应该鼓励孩子多参加集体活动，把自己的玩具及零食和朋友们一起分享，并创造机会让孩子与其他小朋友一起玩，让他和其他的孩子交朋友。

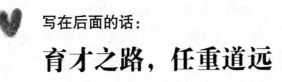

写在后面的话：

育才之路，任重道远

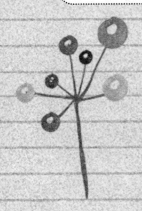

　　美国知名作家奥格·曼狄诺曾经说过这样的话："孩子的所有特点都能够在父母身上找到影子。"这就充分表明了父母对孩子的影响是特别巨大且无法代替的。人类历史发展了这么长的时间，许多的事情都改变了，可是家长们希望孩子快乐和成功的心愿从未变过。这是天下所有家长共同且永恒的愿望。那家长们怎么才能实现这一愿望呢？

　　首先父母们一定要端正思想，摆正态度。

　　教育的中心思想不是传授知识，应该是教会孩子如何做人。所以，教育应是为了解放人类思想，而不应成为思想的枷锁。一个拥有文明及现代两大特点的社会，即使要付出非常昂贵的代价，也要将孩子的思想予以解放，而达到这一目的的前提是父母的思想获得解放。针对这一情况，最需要回过头来思考的是父母，不可以只从孩子身上寻找理由。

　　有这样一个例子：很早就得到学校要组织学生去春游的消息，一个读二年级的孩子带了妈妈煮好的鸡蛋，但是他竟然不知道怎么吃！连最基础的生活常识都没有掌握，将来怎么独立生存？

　　现今的孩子大部分都是家中独苗，父母放在嘴里担心他化了，捧在手心担心他热着。不必说父母鞍前马后，爷爷奶奶外公外婆甚至叔叔、姑姑都以他为中心，环绕着他转。一个孩子被精心护佑在一个大部队下，即便学校的距离再近孩子也有人接送，轮值日打扫卫生有父母来帮忙，甚至于父母还替他们记录老师安排的作业。在学校里都是这种情形，就更不用说在家里的情况了，真正是"衣来伸手，饭来张口"，也很难责怪为什么七八岁的孩子还不清楚如何穿鞋，如何系纽扣……

著名教育家高震东曾说过："合格的学生，即首先要学习'生活的常识'，其次学习'生存的技能'，第三学习'生命的意义'。"三个阶段将人一生必须具备的知识能力全都包含在内，而置于首位的即是"生活的基本知识"。不管是哪个父母，都没有办法照顾孩子一辈子，对孩子保护太过则会让他们的生存能力消失殆尽。身为父母，除却对他们必需的帮助，更主要的是指引和监督他们多在风雨中历练，让他们有勇气面对未来的困难，创建更美好的将来。孩子还年幼，只会想到舒服的生活，不具备明辨是非的能力。身为父母，应该把功夫多下在教孩子学会自主、自立方面，让他成为一个知识丰富、能力强且于社会有用的人。

要想使这样的愿望成为现实，家长们培育孩子的任务还是特别艰巨的。由于社会环境的作用，对于孩子的教育及心智培养出现一点点偏差，就会导致很大的差别。特别是在竞争日益激烈的今天，怎样将育儿教育中的"学习"及"做人"这一天平摆正，对于家长们来说已经特别不容易。何况，社会一天天改变，对全能型人才的要求已经上升到新的高度。所以，家长的育儿道路漫长且充满挑战。

中国有句俗语"皇天不负苦心人"，在教育孩子这一问题上道理也是一样的，只要家长们用心去对待，花心思去耕耘，那么愿望是会成为现实的。

盛桐文化精品亲子教育图书名家系列之——
《别急，让孩子慢慢长大》

——成墨初 著

揭秘"慢教养"——蒙台梭利的科学教育法，全球千万精英父母的教子智慧！

中国十大最具影响力家教作家成墨初老师继《不打不骂教孩子60招》热销50万册后再续教育经典

致爱孩子的父母：用一时的科学"等待"，换孩子一生快乐、自信和勇气！

盛桐文化精品亲子教育图书名家系列之——

《怎么说孩子才会听，如何听孩子才肯说》

——蒙谨 著

你真的懂跟孩子说话吗？

心理咨询师&最贴心"妈妈导师"蒙谨的家教心得全记录！

浓缩中国家庭教育实景与反思的最新力作，不可不读的教子智慧！

告别"耳边风"·打造完美亲子互动·心与心零距离接触